湛庐文化 Cheers Publishing
a mindstyle business
与 思 想 有 关

精英的
人格魅力课

[美] 奥利维娅·福克斯·卡巴恩 _ 著
Olivia Fox Cabane

徐言 _ 译

The Charisma Myth

How Anyone Can Master the Art and
Science of Personal Magnetism

浙江人民出版社
ZHEJIANG PEOPLE'S PUBLISHING HOUSE

卡巴恩给了我们很大的帮助。她通过科学知识和引人入胜的叙述方式，对领导力中的魅力做了非常有益的引导，过去我们对这个话题知之甚少。

罗伯特 · 西奥迪尼
《影响力》《先发影响力》作者

卡巴恩为领导者提供了实用的建议和行动指南，不是让领导者更正直或更权威，而是更加人性化。她关注的是那些真正能带来改变的魅力因素。

劳拉 · 郎
时代集团 CEO

一些人似乎天生就具有领导气质，另一些人会问："为什么不是我？"奥利维娅·福克斯 · 卡巴恩掌握了魅力提升的艺术和方法，在这本书中，你会找到"为什么不是我"这个问题的答案以及增强自己魅力的方法。

迈克尔 · 福伊尔
OfficeMax 公司联合创始人

奥利维娅·福克斯·卡巴恩揭示了魅力背后的科学道理，让魅力不再神秘。她清晰地说明，与领导力其他方面一样，魅力能够通过有意识的培养和集中训练来获得提升。如果能够系统应用本书的建议，那些想要在世界创造积极影响力的人就会获得关键优势。

埃文·威滕伯格
惠普公司首席人才官

这是我今年读到的最好的一本书。

蒂娜·齐莉格博士
斯坦福大学教授，斯坦福大学科技创业计划执行主任，
《斯坦福大学最受欢迎的创意课》作者

魅力不是天赋，而是一种工具。卡巴恩在这本书中充分论证了这一点。

塞斯·高汀
创业家，营销学家，畅销书《紫牛》作者

我们不可能拥有像亚历山大大帝或者麦当娜那样的魅力，但在卡巴恩的帮助下，我们能越来越接近他们!

马歇尔·古德史密斯
全球高级领导者教练领域的先驱与权威者

卡巴恩完成了一项出色的工作，她把科学发现和个人洞察结合在一起，完整呈现了魅力的方方面面。这本书非常吸引人，内容清晰且充满智慧，提供了很多实用的建议，会带给你不同寻常的良好感觉。

史蒂芬·科斯林
斯坦福大学行为科学高级研究中心主任

我们吸收卡巴恩的优秀成果，将其应用在海军战事学院的授课上。这本书将磨炼你的魅力，使你与众不同。事实上，它不仅是一本书，而且是一种自我转化的工具。

塔米·舒尔茨博士
美国国家安全与联合作战部部长，美国海军战事学院院长

实用且具有开创性。卡巴恩令人信服的分析，对魅力元素的拆解，以及实用、易于理解的建议和练习，帮助人们提高个人魅力。非常推荐给正在寻找有效方法和指导的人，这本书有助于提高魅力。

《博客商业世界》

《精英的人格魅力课》轻松易读，将故事和科学研究、战略、应用、技术以及练习做了非常好的结合。

《纽约图书杂志》

如果你对在工作和独特生活背景中提高自己魅力的能力非常感兴趣，这本书将对你非常有帮助。

《今日心理学》

职场上打拼 20 年，我希望能够披荆斩棘、战无不胜，更憧憬所到之处光芒万丈、魅力四射。读完这本书，你就会明白，魅力法力无边，但与其说魅力是天赋，不如说是后天修炼所得。专注阅读、用心体验这本书吧，祝你成为喜欢的自己。

孙格非
唯品会副总裁

这本书的作者其实给自己出了一个难题，她在用类似哲学的原理解决当下的生活问题、工作问题，乃至人在社会上的发展问题。这，本身就是个难题。

南宋有个大学者朱熹，他在庐山办了个白鹿洞书院，他强调人的天赋与能力要服从社会规范和环境，这是宋代推崇理学所致。明代的王阳明和朱熹的侧重相反，他承认人的天赋，但认为人的主要能力和学问来源于后天的努力以及环境的影响。表面看，都有道理，其实质则区别很大。

这本书很有意思，它从第三方的角度来说明一个人可以拥有魅力。这倒与王阳明的理论类似了。即便你没有魅力，也可以在后天的实践中学会魅力。

可见，人不但需要魅力，而且可以通过学习获得魅力。

生而知之者，无。学而知之者，众。人的知识、人的修养、人的行为方式都是人的魅力的有机部分，这些都可以通过后天学习获得。

通过学习就能获取人格魅力，这是本书的核心。这倒是为刚刚走上社会或总是不能得到拥待的群体提供了可能与希望。所以，我以为，本书内容颇为独到，开卷有益，听者必有得。

刘锡荣
知名收藏家，荣斋主人

每个人都希望自己具有魅力，但大多数人止步于想象与期待，这本书把西方对魅力的先进研究带到国人面前。魅力不断，由心开始，这是一门可以学习的学问。认真通读本书有助于个人魅力与情商的提高，这些都是学校没有教过的。

张洋睿
达领国际精英学院院长

The Charisma Myth

目录

The
Charisma
Myth
引言

魅力不是天生的，你也可以学得会

玛丽莲·梦露想要证明一件事。

1955 年，盛夏的纽约，玛丽莲·梦露在杂志编辑和摄影师的陪伴下，走进纽约中央火车站。此时正值上班高峰期，站台上挤满了人，没有人注意到玛丽莲·梦露也在一旁等地铁。她上了地铁后，安静地站在车厢的角落里，没有人认出她来，摄影师用镜头把这一切记录了下来。

梦露想要证明：只要愿意，她就可以是光彩夺目的玛丽莲·梦露，也可以是平平凡凡的诺尔玛·琼·贝克（Norma Jean Baker）。地铁上的她，就是诺尔玛·琼。回到热闹的纽约街道的她，就是玛丽莲·梦露。环顾四周后，她打趣地问摄影师："你想不想看到她？"没有夸张的动作，仅仅只是"摆弄一下头发，摆了个姿势"。就这一个小小的转变，梦露瞬间魅力四射。她的身上似乎散发出一股神奇的魔力，一切为之静止。时间凝结了，周围的人也惊呆了。他们突然发现大明星就在自己的身边，每个人都瞪大眼睛望着她。很快，影迷们就把梦露团团围住，摄影师“千辛万苦”才把她从人群中解救出来。

一直以来，魅力这个话题总是既有趣又富有争议。每当我在会议或酒会上介绍自己“教授魅力”时，大家就会立刻兴奋起来，他们说：“我一直认为，魅力要么与生俱来，要么没有。”一些人认为这是一种不公平的优势，另一些人则渴望能够掌握它，而每个人都对它着迷。这都没有错，有魅力的人无论是启动新项目、成立新公司，还是建立企业帝国，都能够影响世界。

你是否想过，如果自己像克林顿或乔布斯一样充满魅力，是什么样的感觉？你是否认为自己已经拥有某些魅力，并想提升到更高一层境界；或者希望自己能够拥有这样的魔力，因为你本来是个缺乏魅力的人？我要告诉你的是，**魅力是一种技能，你可以通过学习和练习掌握它。**

魅力的惊人力量

想象一下，当你踏进房间时，所有人的目光都聚焦在你身上，他们渴望知道你将要说什么，渴望得到你的认可。这样的人生是什么样的？

对有魅力的人来说，这就是生活的常态。只要他们出现，每个人都会被影响。人们就像被施了魔法一样，情不自禁地想要向他提供一切可能的帮助。有魅力的人的生活也令人向往：他们有更多浪漫的选择，拥有更多的财富和经历，却没有过多的压力。

魅力让人喜欢你、信任你、想要追随你。它可以决定，你看上去是一个追随者还是领导者，你的点子是否能够被采纳，你的项目是否能够有效地落地。**无论喜欢与否，魅力都可以让世界运转起来，因为它能够让人们心甘情愿地去做你希望他们做的事情。**

当然，在商业世界中，魅力也是关键因素。无论你是应聘新工作还是想要在组织中得到晋升，它都能够帮助你实现目标。许多研究指出，有魅力的人在上司和同事的心中总会得到较高的绩效评价，被认为是高效能人士。

如果你是一位领导者，或是渴望成为一名领导者，魅力就尤其重要。它赋予你更强的竞争力去吸引和留住人才，让人们渴望和你一起工作，成为你的团队、公司的一员。研究表明，相较于那些追随高效但缺乏魅力的领导者的员工，追随魅力领导者的人们在工作中表现得更出色，认为自己的工作更有意义，对领导者的信任度更高。

沃顿商学院教授罗伯特·豪斯（Robert House）写道：魅力领导者“可以让追随者对领导者的使命付出高投入度，并做出超过该使命要求的事情，还可以为此做出巨大的个人牺牲”。

魅力能够使一个成功的销售人员，在同一区域做出比其他同事高出 5 倍的业绩。对企业家来说，魅力可以吸引投资者，让他们争相送钱上门，没有魅力就不得不向银行寻求贷款。

商业之外，魅力的能量同样不可小觑。有魅力的全职妈妈能够影响自己的孩子、孩子的老师或社区邻居。对中学生来说，魅力是一项宝贵的工具，它能够帮助他们在面试中脱颖而出，在社团中展现领导力。魅力可以帮助职场人在同事中更受欢迎，在社交场合充满自信。有魅力的医生更容易得到病人的喜爱，使他们愿意配合治疗，从而减少医患纠纷。魅力在研究界和学术界也非常重要：有魅力的人更有可能出版著作、从企业得到研究资金，他们的课程也更受欢迎。在讲座后总是被敬仰他的学生所环绕，这也是一位教授有魅力的体现。

魅力并不神秘，它是可以习得的

与大众认知截然相反的是，魅力并不是与生俱来的。如果魅力真的是天生的，有魅力的人就应该随时都引人注目，但其实不然。即使是最受欢迎的巨星，魅力也可以在这一刻爆发，在下一秒悄然褪去。玛丽莲·梦露能够像轻触开关一般关掉魅力，让人们完全注意不到她，也可以释放魅力，只要她改变一下肢体语言。

近几年大量的研究指出，魅力是某种非语言行为的结果，而不是人们天生或神奇的特质。这也正解释了魅力会有变化的原因：它是否出现取决于人们是否呈现出相应的肢体语言。

你是否有过这样的体验：在某一刻，感觉信心满满、掌控全局？这一刻，人们被你深深吸引，围绕你发出“哇”的赞叹。但我们通常不会把这一刻与魅力连接起来或者认为自己是有魅力的，因为我们总是认为有魅力的人是每一天、每一秒都充满魅力的。事实并非如此！

人们之所以误以为魅力与生俱来，原因之一是这些展现魅力的行为与许多社交技巧一样，在很小的时候就被习得了。事实上，我们通常不会意识到，自己正在学习这些技巧。人们以为自己是在尝试新的行为，观察得到的结果，然后不断修正。久而久之，这些行为就成了本能。

那些有魅力的知名人士都是靠不断努力，一步步积累，才拥有了魅力。但我们认识他们的时候，总是在他们充分展现魅力之时，于是我们很难相信，这些超级巨星并非一直那么迷人。

苹果公司前首席执行官乔布斯被誉为 21 世纪最初 10 年中最有魅力的首席执行官之一，但他一开始并非如此。事实上，如果你看到他早期的演讲视频，就会发现他曾经既害羞又易尴尬，这位你认为魅力四射的人竟然曾经是一个书呆子。乔布斯花了好几年时间来提高他的魅力指数，你可以从他每年的公共演讲中看到他的进步。

魅力与社会学、心理学以及认知与行为科学紧密相关。对它的研究可以采取多种方法，从临床实验、横向与纵向调查研究到定性分析等。同时，研究的对象有总统、将领、各个年龄层的学生，以及企业中各个层级的管理者。因为有了这些研究，现在我们知道了，魅力是一系列行为带来的结果。

魅力的维度

当我们初次与人见面时，会凭直觉判断这个人是敌是友，是否真的具有相应的能力实现他的意图。能力和意图是我们评估的内容。“你有为我移山的本领吗？你愿意为我去做吗？”针对第一个问题，我们想要了解的是，他究竟有多大的能力。第二个问题中，我们试着评估他有多喜欢我们。如果面对一个有魅力的人，你会觉得他能力很强，同时非常喜欢你。

创造魅力的公式其实非常简单。你需要做的就是让对方认为你影响力很强，并且拥有亲和力。因为魅力行为正是这两个品质的结合。“战斗还是逃跑？”这是一个有关影响力的问题。“朋友还是敌人？”这是一个有关亲和力的问题。

这两个品质的基础构成了最后一个魅力维度——“专注当下”。每当人们描述他们看见魅力行为的时刻时，不管他们遇见的是科林·鲍威尔还是康多莉扎·赖斯，人们总会表示，他们感受到对方超级专注当下。

当我在培训高管的时候，专注当下是大家最渴望学会的魅力元素。他们想要增强自己的“领导者专注力”或者“会议专注力”。他们关注这一点是正确的：专注当下在魅力元素中是核心，其他两点都是建立在这个基础之上的。当你和有魅力的人在一起的时候，比如和比尔·克林顿在一起时，你不仅能感受到他的影响力和亲和力，而且能感觉到当下这一刻，他的注意力完完全全在你身上。

实用的魅力学

现在，魅力学已经发展为一门应用科学。这本书的作用是将科学转换成实用的即刻可以上手的工具，并让你获得可评估的结果。你会有方法、有系统地去学习魅力，并在现实生活中进行练习。同时，在学习的过程中，你不需要反复尝试、经历失败，也不需要花费很多时间去摸索哪些是有效的、哪些是不可行的。你可以直接使用这些真实有效的工具，增强你的魅力。

要想提升魅力，就得付出努力。有时你可能会觉得很困难、不自在，甚至感到有些气馁，但这个过程也会给你很多回馈，不仅让你更加了解自己，而且会转变别人看待你的方式。魅力的学习包括管理自己的心境；理解和接纳自己的需求；知道哪些行为能够让人认为你是具有魅力的，同时学会应用这些行为。

本书将会一步步引导你经历这些过程，提供具体的工具来呈现魅力的 3 大元素：专注当下、影响力、亲和力。当你运用这些工具时，你会感觉自己的个人魅力逐渐提升。如果你本来就是个有魅力的人，就将学会如何更好地控制魅力；将学习驾驭魅力的方式，知道如何巧妙地展现魅力；还将学习在不同情境下，如何选择最符合自己个性和目标的魅力展现方式。

你将窥见有魅力的精英们的思维和肢体语言。我也会告诉你，我培训过的首席执行官们在训练魅力过程中的故事。

在这里，你看到的是一套实用的“魔法”：独一无二的知识、来自各个学科的观点，以及对魅力的本质和运作方式的揭露。你会掌握应用魅力技术需要知道的知识和技巧。整个世界都将成为你的实验室，每次你遇见一个人时，都可以去实践它。

一旦基础打好了，你就可以进一步学习如何在困难重重的条件下展现魅力，比如面试、演讲或者与一个难相处的人对话。一旦你掌握了如何随心所欲地呈现魅力，就掌握了有魅力的人不为人知的秘密。

你将会学到如何变得更具影响力、说服力和启发力。你也将学习如何散发魅力，即所到之处，都能让人赞叹：“哇，那个人是谁？”

The Charisma Myth

How Anyone Can Master the Art and Science of Personal Magnetism

PART 1

从心开始，打造魅力的核心

如何给人留下完美的第一印象？

扫码获取“湛庐阅读”App，
搜索“精英的人格魅力课”，听听作者怎么说。

什么是彩蛋

彩蛋是湛庐图书策划人为你准备的更多惊喜，一般包括①测试题及答案 ② 参考文献及注释 ③ 延伸阅读、相关视频等，记得“扫一扫”领取。

01

魅力，人人可以学习的技能

The Charisma Myth

How Anyone Can Master the Art and Science of Personal Magnetism

1886年，在酷热的伦敦，威廉·格拉德斯通（William Gladstone）和本杰明·迪斯雷利（Benjamin Disraeli）对英国首相一职的竞争到了关键时刻。当时还是维多利亚时代，英国的殖民地遍布全球，所以谁赢得了选举，谁就赢得了半个世界。在竞选大战开始前一周，两位竞选者都曾与同一位年轻女士共进晚餐。媒体采访了这位女士，询问她对这两位竞争者的印象。女士回答道："在和格拉德斯通约会时，我觉得他是全英国最聪明的人，而和迪斯雷利约会时，他会让我觉得我是全英国最聪明的人。"

猜猜最终是谁赢得了大选？正是那位让对方觉得自己是最具智慧和勇气的本杰明·迪斯雷利。

无论是有意还是无意，充满魅力的人总会用特定的行为让他人产生某种感觉。这种技巧其实我们每个人都可以学习和掌握。事实上，通过行为控制实验，研究者发现，人类可以像控制仪表盘一样提升或降低魅力指数。

事实上，充满魅力的人不一定是性格外向、外貌出众的人，也不是刻意改变自己、迎合他人的人。只要我们下定决心提升魅力，掌握一些技巧，就一定会有所改变，并在事业和生活中取得更大的成功。

关于魅力的 3 个误解

对于魅力，人们通常有个误解，就是认为那种性格外向、左右逢源的人更具魅力。关于魅力最有趣的研究发现之一就是，你可以是一个很有魅力的内向者。在当今社会，人们更青睐外向者，称赞他们的人际交往能力，这通常让性格内向的人感到自惭形秽。事实上，内向并不是一种缺陷。正如我们将看到的那样，若要具备某些类型的魅力，内向者更有优势。

另一种常见误解就是，认为有魅力的人一定要长得漂亮。其实，很多有魅力的人并不是帅哥美女，比如英国首相丘吉尔，他长得不帅，也不以性感的外表而著称，但他却是历史上最有影响力的西方领导人之一。

当然，美貌对提升吸引力的确有所帮助，但是魅力并不等同于美貌。事实上，魅力是由内而外散发出来的，魅力的提升有助于我们变得更具吸引力。在行为控制实验中，受试者通过听从指导展示出特定的魅力行为时，有效数据表明他们的吸引力水平显著提高。

还有一种误解就是，认为我们必须通过刻意改变自己来提升魅力。你不需要为了变得更具魅力而强迫自己呈现某种特定个性或做一些违反本性的事情。但是，你需要学会一些技巧，比如如何提升眼神交流的温度、展现有魅力的肢体动作以及调整声音，来吸引对方的注意力。下面 3 个小技巧可以帮助你快速提升在人际沟通中的魅力指数：

◎ 在一段话的结尾处，降低自己的声调。

◎ 减少因附和对方而无意识点头的次数。

◎ 开口说话前，先停顿两秒钟。

这些小技巧并不涉及价值观的改变，只要你愿意，你可以保留自己的本性不变。

刚开始运用这些技巧的时候，我们可能会感到不适应。想一想，我们刚学刷牙时，是不是也不适应，感觉怪怪的？但现在，刷牙已经成为我们的生活习惯了。就像学习新技能一样，刚开始练习我们可能都会不适应，但时间长了，它就会成为我们的第二天性，就像说话、走路、开车一样。这本书会手把手地教你如何掌握这些技巧，并熟练运用。

我们都知道，掌握任何一项如下象棋、唱歌、投球这样的技能，都需要刻意练习。而魅力也是一种可以通过不断练习而获得的技能，正是由于在日常社交中我们总是要和不同的人打交道，所以我们可以在生活中不断练习。

在系统训练后，我的很多客户都大幅度提高了自己的魅力。通过采访他们的亲朋好友，这一点也得到了证实。我还曾给加州大学伯克利分校商学院的本科生和研究生系统地讲授如何提升自身魅力和领导力。

如果你按照书中所讲的步骤系统地练习，一定可以提升自己的魅力指数。如果你把这些技巧融入日常生活，让它成为一种下意识的行为习惯，就能彻底改变自己，成为充满魅力的人。

离开舒适区，完成挑战

我曾从行为与认知科学的角度，系统地研究过人格魅力，并不断努力寻找实用的方法，将它运用到日常生活中。这本书正是我多年研究成果的结晶。我在本书中提供了一系列事半功倍的方法，还有从多个领域的研究成果中整合出的高效技巧，覆盖了行为科学、认知科学、神经科学、冥想研究，以及表现出色的运动员和好莱坞演员的训练、表演技巧，等等。

如果涉及科学理论，我会尽量用有趣的语言来解释。更重要的是，我会教给读者实用的方法和技巧，给大家信心来提升自身的魅力，获得完美的表现。

有人问我，通过训练，多久能实现改变？第一阶段，训练者自己就能体会到不同于以往的感受；第二阶段，训练者周围的同事和朋友会感受到不同；第三阶段，训练者的改变是全方位的、脱胎换骨式的。

当然，仅仅是看书并不能让你改变，你必须把书中的理论和技巧付诸行动，才能收获最大的成功。刚开始可能会有不适应，但一定要克服。比如，当我要求你闭上眼睛想象某种场景时，一定要真正去做，真的闭上眼睛；当我要求你把某些场景写下来时，也一定要照做，拿起笔写。

对于那些曾经邀请我做咨询的企业管理者来说，这也是一个挑战，但我们无法跳过“练习”这一步骤。如果使用“明天再练习”这样的借口，或者仅做那些简单、看上去有趣的练习，都是远远不够的。如果我让你做某样练习，一定是有充足的理由的，它对于提升你的魅力肯定有好处。

本书所介绍的技巧有的会立刻产生效果，比如，在公共场合面对众多听众时，怎样去演讲，如何去吸引听众的注意力。有的则需要好几个星期才能看出效果。还有的技巧会有些出人意料，比如怎样通过脚趾训练来提升魅力。

有一次，我询问一位跟我学习了很长时间的老学员，他有什么建议可以和新学员分享。他说：“一开始，一些新学员可能会觉得不适应，因为他们会被迫离开自己的‘舒适区’，但是一段时间后，他们会发现所有的努力和付出都是值得的。”所以，请做出承诺，然后完成“作业”。

02

魅力 3 要素：专注当下，影响力，亲和力

The Charisma Myth

How Anyone Can Master the Art and Science of Personal Magnetism

魅力行为可以分解为 3 个核心元素：专注当下，影响力，亲和力。人们会在有意或无意的肢体语言中，不自觉地流露出各种信号，而对方会从这些信号中捕捉到信息。在本章，我们会着重探索这些信号产生的影响。魅力行为的 3 个元素主要通过肢体语言、交谈用词和行为举止呈现出来，而专注当下则是其他两个元素的基础，所以我们先来研究如何保持专注。

专注当下：与对话者情感连接

你是否曾经有过这样的感受：在谈话中，有时候自己的注意力一半在和对方交流，另一半则神游天外，想着其他的事情？你是否想过对方已经注意到你正在“开小差”？

如果在谈话中“开小差”，你的眼神会闪烁，面部表情会僵硬，反应会变得迟钝。人类具有在 17 毫秒内捕捉到这些细微表情变化的能力，所以你的交谈对象很有可能会注意到你已经心不在焉。

有时候，我们以为自己可以假装专注于当下，或者觉得只要自己装作很有兴趣的样子，就能让思想“开一会儿小差”。事实上，我们的肢体语言和面部表情会给对方清晰的信号，证明我们并没在专心倾听。

大家都有过这样的经历，对方假装在倾听我们说话。我们会怎样想呢？生气，尴尬，或者只是感觉很糟糕？我在哈佛讲课时，一个学生对我说：“最近发生了一件事，我说话时，对方心不在焉。我非常生气，那种感觉糟透了。”

在交谈时走神，不仅会被对方察觉，而且会让对方觉得你不可靠，这是一个更严重的后果。当你被别人认为是一个不可靠的人时，信任、融洽、忠诚的关系就很难建立，这不是有魅力的行为。

所以，保持专注是一种需要不断学习和练习的能力，就像“弹钢琴”“画画”一样，通过练习，我们也能提高这种能力。这意味着，我们要时刻集中注意力在正在发生的事情上，而不是被自己的想法所控制。

现在，我们已经知道，不专注是没有魅力的，接下来我们将开始做一些训练，看看你能做到多少。以下 3 个练习将会立即提升你在人际交往中的魅力。

The Charisma Myth 练习时间

专注当下训练

这里有一些改编自正念训练的练习，可以用来训练专注当下。你需要找到一个安静的环境，闭上双眼（站或坐都可以）持续一分钟，感受时间的流逝。

请把计时器设定在一分钟，闭上眼睛，集中注意力感受以下 3 个方面：周围的声音、自己的呼吸以及脚趾的感觉。

1. 声音：集中注意力去倾听周围的声音。一位冥想老师曾告诉我："把自己想象成卫星天线，被动、主动接收周围的声音。"
2. 呼吸：集中注意力感受自己的呼吸，尝试着感觉气息进入鼻腔和腹部的感受。将所有的注意力集中在你的一呼一吸上，用心去体会，把它当成你要投入全部精力的事情。
3. 脚趾：集中注意力感受脚趾的感觉。这能让你的注意力流遍全身，感受到身体的存在。

练习得怎么样？在一分钟的时间里，你是否能够做到全神贯注？是不是感觉到自己的思路时不时会"神游天外"？的确，全神贯注一分钟并不是一件容易的事，原因有两个。

首先，我们的大脑会优先关注"新刺激"，不管是声音、光线还是味道。我们天生就容易分心，注意力容易被新刺激吸引，这种倾向非常重要，它关乎我们的生死，对我们的祖先来说尤其如此。想象两个在草原上打猎的原始人，他们搜寻着羚羊的踪迹，如果能找到羚羊，他们的家人就有了食物。远处有什么东西一闪而过，那个没有马上注意到敌方的原始人不可能是我们的祖先。

其次，现代社会中，注意力干扰因素非常多。各种新兴的刺激点层出不穷，这加剧了我们注意力分散的天然倾向，最终导致我们进入一种持续走神的状态。所以，人们很难将所有的注意力集中在一件事情上。

因此，如果你发现自己不能做到专心致志，别太自责，这很正常。保持专注对我们每个人来说都很难。哈佛大学心理学教授丹尼尔·吉尔伯特（Daniel Gilbert）曾做过一项研究，为此调查了 2 250 个人。他提出，在人的一生中，即使在清醒的时间里，一半的时间都在"神游天外""胡思乱想"。即使是一些冥想大师，也会在冥想时发现自己“开小差”。实际上，这是一个在密集的闭关禅修中常见的笑话（是的，世界上有关于冥想的笑话）。

不过，虽然很少有人能做到百分之百全神贯注，但只要我们能提升哪怕只是一点点专注当下的能力，也会有显著的效果。

下次交谈时，定时确认一下你是全身心地投入到了对话中，还是神游到了别处，这也包括你是不是正在心里打腹稿。一旦发现走神，就尽可能把自己重新带回对话现场，用一秒钟来集中注意力在脚趾或呼吸上，然后立即转移到对方身上。

有一位学员在进行了这种练习后向我反馈：“我发现自己变得放松，并面带笑容，而交谈中的另一方立即注意到了这一点，在我未发一语的情况下对我回以微笑。”

在上面的“专注当下训练”中，如果你有挫败感也没有关系。实际上你已经通过它提升了魅力指数，因为你已经改变了思维方式，意识到专注当下对魅力的重要性，已经是这场“魅力游戏”的引导者。如果你就此打住，不再继续往下读这本书，也已经有所收获了。

下面，我举个实际生活中的例子，进行更详细的说明。

有位同事来到你的办公室想就某个问题向你征询意见，而你马上就要去开会，你很担心他会占用你过多的时间。

如果在他跟你讲话时你一直都在担心，那么你不仅会变得焦虑，很难集中注意力，而且会把这种情绪传递给他，让他觉得你没有耐心听他讲话，并且不在乎他所说的内容。

此时，把你的注意力转移到呼吸或脚趾上，保持一两秒钟，这样就能把分散的精力拉回来。你集中注意力的眼神和表情也会被对方感受到。你只是专注了一小会儿，对方就会感觉受到了尊重，知道自己正在被倾听。如果你能百分百地专注当下，你的肢体语言就会绽放极致的魅力。

做有魅力的人并不取决于你在对方身上花多少时间，而在于过程中你的专注当下的程度。这种专注度非常重要，它能让你在人群之中脱颖而出，即使是一次 5 分钟的交流，也能产生“哇”的效果。它让你和对话者产生情感连接，让对方觉得此时此刻他对你来说是世界上最重要的人。

有一位学员对我说，他在工作很忙、压力很大的时候经常会得罪人。当有人和他谈话时，他经常因为惦记着自己的工作而心不在焉，而对方就会感到不被尊重和重视。

在学会了上面的技巧后，他对我说：“我察觉到，哪怕只是集中注意力倾听一小会儿，效果也非常好。他们在离开我的办公室时，感觉自己是特别的，是受重视的。”他说，这个技巧是他在我的培训中学到的最有价值的内容之一。

提升你专注当下的能力不仅可以改善肢体语言、提高倾听能力，而且能帮你更加集中注意力，甚至加强你享受生活的能力。要知道，即使在一个重要时刻，比如庆祝时刻或者和爱人在一起的珍贵时刻，我们的注意力依旧会分散到 6 个方向上去。

冥想老师塔拉·布莱克（Tara Brach）一直致力于“活在当下”的训练研究。她发现：“在生活中，我们几乎总在思考接下来会发生什么以及我们应该做什么。我们也许会给朋友一个欢迎拥抱，但却不会享受这种拥抱的温暖，反而在考虑我们要拥抱多久，接下来应该说些什么。我们沉浸在注意力分散的意识流中，而不是完全地专注于朋友本身。”活在当下，能够帮助你更好地感受生活中每一个美好时刻。

现在，你已经学会了交流中的 3 个小技巧，下面就要多加练习，让它们成为习惯。请记住，每当你集中注意力，全身心地专注于对方时，你就会更具影响力，给人留下深刻印象，让人感到更加可靠。你为自己的魅力形象打下了基础。

现在你已经了解了什么是专注当下、为什么它会影响你的魅力以及如何对它进行训练，接下来让我们看看魅力的其他两个关键元素：影响力和亲和力。

影响力与亲和力：不高冷，也不当老好人

有些人被认为有影响力，这意味着他们有能力去影响我们周遭的世界。当然，影响他人的方式多种多样，可能是通过权力、财富，也可能是通过经验、智力、强壮的身体或很高的社会地位。要想判断一个人是不是有影响力，我们可以观察他的外表或者其他人对他的反应，而最有效的判断方式就是肢体语言。

亲和力，简单来说就是待人友善。一个人有亲和力意味着，他愿意用他的力量帮助我们。有亲和力的人总是呈现出以下特质：仁慈、利他、善良或者愿意积极地去改变这个世界。有亲和力的人比有影响力的人更容易辨认，因为那些特质几乎都是通过肢体语言和行为举止表现出来的。

那么，我们怎样才能知道对方是不是有影响力或有亲和力的人呢？让我们想象一下与一个人第一次见面的场景。大多数情况下，我们不可能对他做背景调查或者采访他的亲戚朋友，甚至可能都没有时间去观察他的行为。所以，我们只能迅速猜测。

通过互动，我们会本能地去寻找某些线索，来判断他是否有影响力或亲和力。然后，我们会根据情况调整自己的判断。昂贵的衣服让我们假想他的富有程度，友好的肢体语言让我们感受到他的善良热情，一个自信的动作则会让我们认为这个人有自信的底气。总而言之，人们会通过对方的外表、肢体语言等来形成对他的印象。

所以，增加自己的影响力或亲和力就能增加我们的魅力指数。而如果我们能够同时做到有影响力和有亲和力，那么魅力指数就能被激发到最高点。

现如今，一个人可以通过很多方式来展示自己的影响力，比如通过展示智慧或

善良。但在人类社会早期，展示影响力最有效的方式是通过暴力。是的，智慧的确很重要，但在过去，四肢发达的人比头脑发达的人更容易存活。但通过蛮力和侵略获得影响力的人，很少能同时具备亲和力。所以，如果某人能兼备影响力与亲和力，那他就是个“稀有物种”：在生死关头，手握生杀大权又待人友善的大人物往往会给人活路。所以在过去，找到这种人作为领导者，是人类的生存之道。

这也是我们会被那种既有影响力又有亲和力的人所吸引的原因。这就像我们大部分人都喜欢吃糖果或肉类一样，因为我们的祖先也会被这些东西所吸引。它们能提供更多的能量，帮助我们更好地生存下来。虽然现在糖和肉类很常见，但我们的生存本能却遗传了下来。同样的道理也适用于魅力。虽然在今天，同时拥有影响力和亲和力的人很常见，但我们本能地会被这样的人所吸引。各种实验和神经影像学的研究结果也表明，影响力和亲和力是我们在与人打交道时，衡量他人的最重要的两个方面。

所以，影响力和亲和力是构成魅力的两个必要条件。只有影响力而没有亲和力的人虽然也会引人注目，但不一定会给人留下有魅力的印象，反而会令人产生一种高傲、冷漠甚至自私的印象。只有亲和力、没有影响力的人可能人缘很好，但不会被人看作有魅力的人，他们可能会给人一种软弱、善于讨好他人的老好人印象。

在 1886 年的大选中，格拉德斯通展现了他的影响力。他来自社会上层，政治人脉很广，知识渊博，充满智慧。他在和女伴吃晚饭时，充分展示出了自己的影响力，却没有呈现出亲和力，因为他没能让女伴感到自己很特别。

迪斯雷利同样展示出了自己的影响力。他也有广阔的政治人脉，同时聪慧过人。迪斯雷利的天才之处在于，他能让同伴感到他们很特别、很聪明，他们所说的话得到了他的认真倾听。这种能力让迪斯雷利打了个漂亮仗。

当然，还有一些方法可以增加我们的魅力。但专注当下、影响力和亲和力，这 3 点是最有效的组合，能够最大程度提升你的魅力指数。

肢体语言胜过千言万语

麻省理工学院的媒体实验室经过多次研究发现，只要分析参与者的肢体语言就能够预测商业谈判的结果，而不用听他们在说些什么，无论当时的场景是电话销售还是各种商业计划推广会，这种预测的准确率高达 87%。

这听上去简直不可思议，在人与人的交流中，肢体语言怎么会比口头语言还重要？仔细想想，这其实说得通。在人类漫长的进化史中，口头语言是最近的产物。而在此之前，人类的祖先已经通过各种非口头语言顺利地交流了数万年。所以解读肢体语言已经深深地刻入人类的基因，这比解读口头语言和语意更直接、更有效。

在提升个人魅力上，你的肢体语言比口头语言更加重要。不管你的演讲技巧有多么好、语言多么犀利，如果使用了错误的肢体语言，你的魅力就会大打折扣。换句话说，如果使用了正确的肢体语言，即使不说一句话你也能使自己充满魅力。所以，提升魅力指数很简单，就是通过肢体语言让对方感受到你专注当下，有影响力和亲和力。

魅力，从“心”开始

当你阅读上面那段话时，有没有注意到自己的眼睛一直在眨？

没有吗？它们确实会有规律地眨。

你有没有注意过，你的舌头有多重？

或者，你注意过自己的脚趾的位置吗？

这会儿，你是不是又忘了眼睛在眨？

每分钟，我们的身体都会下意识地发出成千上万的信号。就像我们的呼吸和心跳一样，这些信号由潜意识而非意识控制。所以，如果想改变肢体语言，就需要我们有意识地去控制。

这导致了两个结果。首先，我们无法有意识地控制所有的肢体语言，所以也不能有意识地让自己所有的行为变得有魅力；如果想要这样做，你就不得不去控制成千上万的因素，包括语音语调、眼神变化、手势动作等，这几乎是不可能完成的任务。但是，因为大多数肢体语言都是由潜意识来控制的，所以只要我们成功引导自己的潜意识，就能成功地控制肢体语言了。这是可以做到的，下文会教你如何去做。

其次，不管我们是否愿意，都会通过肢体语言表达出自己的心理状态。我们的面部表情、声音、姿势以及其他肢体语言，都无时无刻不在表达着我们的心理和情绪状态。我们无法控制这些流动着的潜意识，所以脑子里想着什么都会被肢体语言忠实地表达出来。

即使我们通过努力，控制住了主要的面部表情和四肢动作，但如果我们内心的想法与这些动作的目标不一致，我们的微表情迟早都会把我们真实的心理活动暴露出来。这些微表情可能在我们的脸上转瞬即逝，但它们一定会被对方注意到，因为人具有在 17 毫秒的时间里阅读表情的能力。如果我们装出来的主要表情与微表情不一致，对方就会在潜意识中感到不对劲。[①]

你能区别一个真诚的微笑和一个装出来的微笑吗？真诚的微笑和出于礼节的微

---

① 事实上，斯坦福的研究人员进行了实验，他们发现当人们试着去隐藏自己的真实感受时，更容易激发他人的对抗情绪。

笑是不同的。真诚的微笑需要调动面部的两大肌肉群：嘴角的肌肉和眼角的肌肉。嘴角的肌肉微微向上提起，而眼角的肌肉则会放松，并略微向下弯曲。而假装出来的微笑只有嘴角的肌肉会动，眼部的肌肉几乎不动。人们能够轻易区别出两者的不同。

因为我们的心理活动能够被肢体语言和微表情真实地反映出来，**所以如果想要展现魅力，就必须从我们的内心开始。**

如果你心里对魅力不以为意，那么不管付出多大的努力和意志力都无法掩饰自己的想法和感受，它迟早会表现出来。但如果你的内心充盈着魅力，那么恰当的肢体语言就会不自觉地流露出来。因此，学习魅力的第一步也是本书第一部分的重点，就是发展和培养各种心境，它们会引发有魅力的肢体语言和行为。

我们要先了解什么是魅力心境、怎样培养它们，以及怎样将其内化从而灵活运用它们。只有在培养好自己的心境后，我们才能开始学习外在的魅力行为。如果我们反过来，先学习那些魅力技巧，就会弄巧成拙。

> 比如说，你正在做一个很重要的演讲，你讲得很好，在各种演讲技巧之下声情并茂、魅力四射。这时候，有听众向你提出一个让你很尴尬的问题，它扰乱了你的思维和情绪，你开始感到慌乱，这一刻所有的技巧都被抛到了九霄云外。

所以，如果不先学会调整自己的心境就开始学习外在的魅力技巧，就像是还没有打好地基就开始盖房子。这样盖房子速度可能很快，但只要碰上轻微的地震，房子都会坍塌。所以，如果内心还没有修炼到位，就很难记住和使用那些魅力技巧，从而改变自己外在的形象。

很多公司聘请我去帮助他们的员工提升说服力、影响力以及激励他人的能力。

他们总是告诉我，这些管理人员拥有过硬的专业技能，不过缺乏社交技巧。所以，很多学员来听我的课是为了获得一些社交礼节和商务礼仪的“场面”知识。

但事实上，这些员工最需要的是提高和改善自我的觉察能力。那些拥有非常好的自我觉察能力的人能够清楚地意识到，自己正处于什么样的状态，应该怎样解决这些问题。他们能够觉察到，当自信心受挫时，如何快速恢复并使自己的外在表现不受影响。

表 2–1 是一个自我评分表。无论对象是年轻的员工还是成熟的首席执行官，我都会画出这张表格，让他们为自己和下属打分。所以，请花一些时间评估一下自己的专业技术能力、外在表现能力以及自我觉察能力。

表 2–1　自我评分表

	专业技术能力	外在表现能力	自我觉察能力
高			
中			
低			

我总是能看到，那些无论是在别人还是自己眼里都非常棒的工程师们，专业技术能力的得分很高，外在表现能力居中，自我觉察能力分数较低。首席执行官通常专业技术能力和自我觉察能力中等，外在表现能力分数较高。而那些很有魅力的人，他们的自我评估则是，专业技术能力分数较低，而外在表现和自我觉察能力很高。

虽然有魅力的人在报告中显示出专业技术能力不如他人，但他们的自我觉察能力和外在表现能力却有非常显著的优势。这里的自我觉察能力是针对魅力而言的，包含识别并能够有效管理内在状态的能力。老子曾说过：“知人者智，自知者明。”

心之所信，身之所行

若想了解自己的内心世界，首先就要学会区分真实与想象。所有的魅力都建立在真实的基础上，它能帮助你在意愿和直觉上达到正确的魅力心境。

你在看恐怖电影时是否心跳极快？理智告诉你这只是一部恐怖电影，演员们表演被谋杀只是为了获得片酬。但是当我们看到那些血腥暴力的场面时，大脑还是会让我们进入应激状态，分泌肾上腺素。下面，我们再看几个例子。

想象自己最喜欢听的那一首歌。

想象用指甲划在黑板上所发出的声音。

想象把手伸进一桶沙子里，感受那种沙砾在指间摩擦的感觉。

想象自己在吃酸橙和柠檬，比较哪个更酸一些。

现在，没有沙子，也没有柠檬，但我们的大脑却会对想象中的物体发出相应的生理反应。由于大脑无法对现实和想象进行区分，所以会因想象中的事物而产生与现实中的事物相同的反应。心之所信，身之所行。因此，如果你身处魅力心境，就会在行动上表现出来。

在医学上，大脑对身体产生的积极影响叫作“安慰剂效应”。它是一项假疗程：在给病人开药或给病人进行某种治疗时，医生会告诉病人这些药和治疗方法非常有效。而实际上，这些药并不具有治疗作用。令人惊讶的是，在众多这样的案例中，很多病人的身体状况得到了改善。

在第一次世界大战期间，医生们发现了安慰剂效应。当时，由于战争的原因，很多药店里的药都被卖光了。医生们发现，通过给病人开一些没有副作用当然也没有什么实际疗效的药，也能够缓解病人的痛苦。而在 20 世纪 50 年代，医药界开展了很多临床研究，安慰剂效应逐渐受到了更广泛的认知。纵观人类历史，有许多治疗方法仅仅只是安慰剂：它们并没有什么疗效，却改善了我们的身体状况。这多亏了我们的大脑，因为它能够影响我们的身体。

安慰剂效应有时十分强大。哈佛大学心理学教授埃伦·兰格（Ellen Langer）[①]曾做过一个实验，他从养老院里找到一组老年志愿者，将他们安置在这样的环境里：房屋的陈设是他们 20 多岁时的流行款式，他们穿的和听的也是当时的流行款。几周过后，检查他们的身体情况后发现，这些老人的皮肤变得更加紧致，视力变得更好，肌肉力量有所增加，甚至骨骼密度也有很大改善。

安慰剂效应是很多魅力提升技巧的基础，它在本书中还会经常被提到。事实上，在生活中，我们可能已经不知不觉地在使用这种技巧了，很多练习也会让你似曾相识。在下面的章节中，我们会详细分析这种效应，也会进一步了解这种效应如何让你更有魅力。

当然，这种思想驾驭身体的现象也会产生负面的效应，这种效应被称为“反安慰剂效应”。在这种情况下，我们的大脑会因虚构的事物危害身体。

在充分挖掘我们的魅力潜能方面，安慰剂效应和反安慰剂效应都很关键。正是由于我们的大脑能够影响我们的身体，而大脑有时又无法区分现实和想象，所以想象能够改变我们的肢体语言，进而改变魅力指数。根据身处的环境，我们的想象能极大地影响我们是否能释放魅力。

现在，你已经学会了内在魅力修炼的基本功。在接下来的章节里，我们还会经常提到这一点。

① 埃伦·兰格的著作《专念》《专念学习力》《专念创造力》简体中文版已由湛庐文化策划，浙江人民出版社出版。——编者注

The 魅力聚焦 Charisma Myth

◎ 魅力有 3 个重要元素：专注当下，影响力，亲和力。

◎ 专注当下意味着我们要时刻注意倾听对方说话，不要分心，它会带来巨大的回报。如果你表现得专注，你周围的人就会感到被倾听、被尊重、被赋予了价值。

◎ 肢体语言会反映出你的心境，为了展示魅力，即做到专注当下、有影响力和亲和力，你就必须呈现出有魅力的肢体语言。

◎ 正是因为大脑无法区分想象和现实，所以如果创建一个极具魅力的心境，肢体语言就会自发展现出魅力。

◎ 为了获得魅力，心境非常重要。如果内心处于正确的状态，充满魅力的行为和肢体语言就会自然而然地流露出来。

03

为什么我们无法施展魅力

The Charisma Myth

How Anyone Can Master the Art and Science of Personal Magnetism

米开朗琪罗坚称，他的那些著名雕塑作品并不是他创造出来的，他仅仅是把石头的美展现了出来。他说自己的唯一天赋就是能够发现那个隐藏在大理石下的美丽雕塑。他所做的不过是去芜存菁，而美丽的雕塑会自己显露。在本章你将会学到，如何辨认出自己身上“多余的石头”以及如何去除它。

我们现在都已经明白，心境对于我们展现出有魅力的肢体语言至关重要。但是，通往魅力心境的路却障碍重重。首先，我们要弄清楚到底是哪些东西阻碍着我们充分释放自己的潜在魅力。接下来就让我们一起来看看，有哪些生理和心理上的问题挡在我们找到那个魅力自我的道路上。

别让生理上的不适影响你的表现

有一单生意价值 400 万美元，但它差点儿因为一件黑色的羊毛西服而被搞砸。

在一个炎热晴朗的日子，曼哈顿的大街上车水马龙、人头攒动。汤姆穿着高档的黑色羊毛西服坐在一家餐厅的露天卡座上看着菜单。保罗坐在汤姆的对面。他是一家公司的首席执行官，为了和他达成生意，汤姆已经跟进了数月。服务员给他们倒上威士忌后，转身离开了。

最近的几个月里，汤姆和他的团队已经做了无数个测试，他们确信自己的办公系统软件能够让保罗的公司节省大量的时间和开销。但是对保罗来说，这就像是一场豪赌。因为要在全公司范围内应用这样一个全新的办公系统，一旦出现问题，后果就是灾难性的。如果在关键时刻系统出现了问题，汤姆和他的团队是否能及时出现并修正呢？

保罗决定给汤姆最后一次机会，让他说服自己买他们的软件。对汤姆来说，这是他职业生涯的重要时刻。他确信，自己的办公系统软件和团队完全能够满足保罗公司的需要，他现在要做的就是把信心传递给保罗。

当保罗问到危机情况如何处理时，汤姆早已准备好了答案。但就在他向保罗阐述方案时，身上的西装让他感觉不够舒适，于是汤姆开始有意无意地摸西服的领子，保罗发现了他眼中的闪烁。“他是在紧张吗？”保罗心想。汤姆的表现看上去非常不自然，保罗开始怀疑，对方出了什么事情？

保罗对汤姆表情的观察是十分准确的。汤姆的确很不舒服，感到很紧张，但这种紧张和他的办公软件一点儿关系都没有。真正的原因是，在盛夏高温的环境中穿着厚厚的西服让汤姆感觉很不舒服。

让我们设身处地想想看，即使没有那厚厚的西服，在露天卡座跟人谈到关键之处时，阳光直射过来，我们的眼睛会条件反射地眯成一条缝，瞳孔会缩小。我们的面部表情在受到这类外界刺激时会呈现出不适感，这与感到生气或被拒绝时的表情是一样的。坐在你对面的这个人可能根本不会意识到你生理上的不适感。他只会解读成你对现在的对话感到不安。

事实上，这种误会很容易发生。因为，我们很多人都爱解读各种事情，无论是否与自己相关，人们都喜欢把事情往自己身上联想。比如，去开会的路上遇到堵车时，我们也许会想，为什么这种事偏偏发生在“我”身上？

任何身体上的不适都会从你的外在状态和肢体语言中表现出来，从而影响你的魅力指数。因此，当我们和其他人交谈时，要设定对方会感觉（至少是在潜意识层面）你现在呈现的一切动作和表情都与他紧密相关。

身体上的不舒服不仅会影响我们的外在状态，也会影响我们的心境。让我们拿“饥饿”这种感觉来举例。

饥饿能从很多方面影响我们的表现。我们都知道，当人感到饥饿时思维就会变得混乱。各种研究也表明，处于低血糖状态的人注意力会下降，脾气也会变得更加暴躁，更容易做出错误的决定。也就是说，想在这种情况下达到魅力心境很困难。

那么，我们该怎样做才能避免因身体的不适而使风度尽失呢？其实很简单：

1. 提前预防；
2. 意识到问题所在；
3. 补救或向对方解释；

第一步也是最重要的一步就是“提前预防”。俗话说，“凡事预则立，不预则废”，一定要尽可能做好一切准备，防止自己出现身体上的不适。时刻在脑海里记住这一点，才能保持自己良好的形象。

当我们选择会议地点时，要把“舒适度”列入考虑因素。问一下自己，会议室的温度是否适宜、是否足够安静。如果会议时间很长，要安排好茶歇，因为长时间开会会让人感到疲惫，而人在疲惫后很容易表现得缺乏热情、不耐烦。

服饰的选择也很重要，要选择那种穿上以后感觉舒适的衣服。不要穿让人感觉发痒、大小不适宜的衣服，也不要穿奇装异服。那些奇装异服很容易让听众分心，也会让你自己分心，而这会减弱你的演讲效果。不要选择紧身的服装，选择那些宽松的、能让自己深呼吸的服装，这能减轻你的紧张感。呼吸自由也能保证大脑供氧充足，从而让自己保持思路清晰。

当然，紧身的衣服可能会让人看上去很干练，但这种“干练”却牺牲了舒适感。这就得不偿失了。所以我建议选择那些既舒适又能让自己有充足自信的衣服。千万不要因小失大，错过了表现的机会。

有个年轻人曾跟我说，他的眼睛对阳光很敏感，所以当光照在脸上时，他会不自觉地做出一种痛苦的表情。即使他提前解释，其他人似乎仍对此抱持怀疑。他的解决办法是，在开会前先进入会议室，找一个不易被阳光照射到的座位，或者是在阳光将要照到自己前，申请和其他人换一个位置。因为他意识到了问题所在，所以能未雨绸缪，避免自己被他人误解。

自己意识到问题的存在，是处理身体不适状况的第二步。经常有意识地检查自己的面部表情，看看有没有僵化。这时，保持专注的能力将再次帮到你，你越专注就越能注意到自己面部表情和肢体语言的变化。

第三步则是采取行动。如果你意识到自己的面部表情已经引起了对方的误解，那么就应采取行动及时补救。向对方解释自己身体上的不适，同时也要想办法缓解自己的不适。

让我们回想餐馆里的情景。当阳光开始直射汤姆的眼睛时，汤姆不应该试图掩饰自己的不适，而是要向对方解释清楚，并采取措施。比如，当轮到他说话时，他可以停顿一秒钟，举起手挡一下眼睛（这种视觉提示很有帮助），然后向对方征求意见：“这里的阳光很强烈，照得我眼睛很不舒服，我们可否换一个座位？”

如果我们身体上的不适无法获得改善，就更应该向对方解释清楚，消除误会。比如，如果在开会时附近工地上的噪音令你无法集中注意力，就应及时向与会者解释。适时发声解决某种情况对事件双方都有利。

调整心理不适的 4 大技巧

心理上的不适会通过身体呈现出来。它不仅影响着我们对自己的感知，而且会影响别人对我们的看法。心理上的不适可能来源于焦虑、不满足、自我批评或自我怀疑，这些消极的心理会大大阻碍我们挖掘自己的魅力潜能。

相较于了解如何处理身体上的不适，知道如何调整自己心理上的不适更加重要。这正是本书的核心之一，也是难点，做起来很有挑战性。但我保证，你在学会之后将会变得更加强大。这也会为你进一步提高魅力指数打下基础。所以，请深呼吸一口气，继续阅读。

拥抱不确定性

你是否有过那种等待楼上“另一只鞋子”掉落的感觉；比起焦虑地等待，是否更愿意听到那个“坏消息”的到来？再举个例子，热恋时，如果对方忽然不再接你的电话，也不再联系你，你会怎么想？是不是急得抓狂，开始胡思乱想，特别想知道对方为什么突然消失？比起苦等，你可能更愿意听到对方说一句：“我们之间结束了。”

对很多人来说，不确定的状态很不好受。美国认知治疗研究所的所长罗伯特·莱希（Robert Leahy）说，他的很多病人都说宁可尽快收到诊断结果，也不愿意一直悬着心等待，哪怕等下去可能会收到好结果。

这种不愿等待的特质会让我们付出很多代价。比如说，在这种情绪的支配下，我们可能会做出很幼稚的决定。在谈判中，因为对方的沉默我们可能会尽早摊牌，从而使自己陷入不利的局面。最糟糕的是，它会使我们陷入焦虑。焦虑是魅力的天敌，它会搅乱我们的心境，使我们很难专注；焦虑也会削弱我们的信心，而信心不足、焦虑、不专注会反映在我们的肢体语言中，降低我们的亲和力。

有一点是确定无疑的，那就是不确定性不会自行消失。当今社会，商业和技术创新越来越快，经济形势变幻莫测，不确定性和模糊性将在我们的日常生活中扮演越来越重要的角色。换句话说，如果我们能更好地处理不确定性就会更具优势。

假设你正在处理一件棘手的事情，但结果难料。你已经预测到了可能出现的风险，并且制订好了应对方案。到目前为止，一切顺利。既然我们已经把可能出现的问题都预料到了，那么现在就应该放松一下，等待事情自然而然地发生。

但事实是，我们大多数人会一遍又一遍地在脑海中回想这件事情，重复各种可能的场景，一次次地演练自己的预案，直到把自己弄得筋疲力尽。

汤姆也是这样。在和保罗会面前的几周里，他就开始想象各种可能，比如顺利拿下项目后的各种事情，要招募谁以及出于什么目的招募他们。但如果被保罗拒绝了呢？他又开始盘算该如何向自己的老板和团队成员解释。

接下来的 3 天里，汤姆意识到这两种情景一直在自己的脑海里打转，即使在开车的时候他也会不自觉地去想。汤姆也试图让自己不去想这些事情，但他的大脑似乎就是不受他的控制。

这其实不怨汤姆。我们的大脑天生就讨厌不确定性。大脑一收到模棱两可的信息，就会传达错误的信号。所以，我们必须先把事情理顺，大脑才会感到舒服。

这种因不确定性而产生的不适感，是我们的祖先留下的另一种遗产。我们的大脑对于熟悉的环境感到舒适，因为人类更容易在这种环境中活下来，而未知的不确定的环境则有可能威胁生命。

学会如何去处理不确定性不仅能增加我们的魅力，而且是商业成功者必备的素质之一。加州大学伯克利分校商学院的创新中心主任亚当·伯曼（Adam Berman）在跟踪研究了上千个攻读 MBA 的学生的职业生涯后，得出了这个结论。

很少有商学院开设专门的课程教导学生如何应对不确定性。而心理学家却长期在这一领域奋战，并教给人们面对不确定性时应怎样调节自己的心理。伯曼曾希望和我一起为商学院的学生开设一门课程，教授如何调整心态，拥抱不确定性。他建议我们一起测验一下，看看哪些心理测验更适合应用在商业环境中。

从那时起，我就开始给不同领域的公司定制这些测试和工具，事实证明这样做非常有用。

如何减缓由不确定性产生的不适感？我发现最有效的一个方法是“责任转移”。我们之所以会感到焦虑，是因为担心事情会往糟糕的方向发展。如果我们确信一切都很顺利，那么就不会感到焦虑了。请试着按照下面的步骤进行练习。如果你想下载我的音频文件，通过听我的声音指引你去练习，请登录网站：http: //www.CharismaMyth.com/transfer。

The Charisma Myth 练习时间

责任转移

1. 首先，请放松，躺在床上或舒服地坐下来，闭上眼睛。
2. 深呼吸 2 ～ 3 次。在吸气时，请想象新鲜的空气进入自己的身体并流向大脑。呼气时，请想象自己在吐出空气的同时把所有的烦恼和焦虑吐出身外。

3. 请想象出一个无所不能的神，宇宙之神、命运之神都可以，视你的宗教信仰而定。
4. 想象自己把那千钧重担和责任，比如即将来临的会议或面试慢慢举起，并转移到那个全能的神的肩膀上。现在，那是他的责任了。
5. 把所有与此有关的东西，比如会议的资料、准备的演讲稿等搬离你的视线，这些东西现在与你无关了，它们不是你的责任了，而是那个全能的神的责任。一切都已经在掌控之中，现在你要做的就是舒服地坐下来，玩玩游戏，放松一下。

下次，当你感到自己的脑子不受控制，反复思考事情进展的各种结果时，请想象自己已经把所有责任转移到了那位全能的宇宙之神的身上了。这样，所有的焦虑就会随风而逝。

现在感觉如何？身体是否放松了？我的学员向我反映，在做完练习后他们感到胸口憋着的那口气终于被呼了出去，全身轻松很多。如果你没有感觉到自己身体的变化，或者精神上也没有放松，可能是因为你原本要面对的事情就没有给你造成多少压力。如果你感觉到有一些奇妙的变化，太棒了，你成功完成了一次责任转移。

随着不断练习，我的许多学员发现这已经成为他们面对压力时的本能反应。现在他们能很轻松地把自己的压力转移走，然后享受自己该有的生活。

这个技巧之所以有效，是因为在给予大脑一个情境时，它的第一反应就是认为这是真的。

威廉·博斯尔（William Bosl）是一名科学研究员，他参与了哈佛大学与麻省理工学院共同建立的健康科学与技术项目（Health Sciences and Technology Program）。他向我介绍了一项功能性核磁共振（MRI）研究项目，这个项目阐述了人脑对于信任、怀疑以及不确定性的反应：

> 大脑对于事物的认知模式是线性的，首先是理解，然后是相信，最后才是怀疑。因为怀疑需要更多的认知付出，所以我们在生理上会先对前两种感觉产生反应。尽管信任的想法仅仅维持了短暂的时间，但足以消除我们身心的疑虑，进而改变我们的认知模式，减轻不舒服的感受。

在认知怀疑加入进来前，我们的生理已经对视觉影像产生反应。另外，视觉影像可以跳过认知回路，直接进入我们的大脑情感系统。

责任转移实际上并没有消除事情的不确定性，因为结果仍然是不确定的，但它让不确定性变得更易让人接受。这个改变对于我们帮助甚大。面对不确定性时，人们会花费很长时间来消除焦虑感，避免做出不成熟的决定导致恶果，或者试图通过改变心情麻痹焦虑。责任转移不是去否认不确定性，而是帮助你减少不确定性产生的影响，引导你走出因未知而产生的消极情绪和身体反应。事情的结果可能依然充满不确定性，但你不会因此再产生焦虑感。

责任转移其实就是安慰剂效应在实际中的应用。我们的大脑不善于区分现实与想象，所以可以通过想象中的责任转移来减轻自己的压力。在后面的章节中，我们还会发现，即使我们意识到了自己在自欺欺人，安慰剂效应也能发挥作用，也许我们应该感谢这种本能的怀疑认知延迟。

我的一位客户曾跟我讲过他的故事。

> 有一次，他要登台做一个重要演讲。就在要上台之前，他感到极度紧张，胃里十分难受。当首席执行官对他说“下一个该你上场了，帕特里克”时，他感到压力直线上升，肩膀、面部、眼神都僵了。
>
> 他知道，如果在演讲中表现得如此紧张，结果将是灾难性的。于是，他走出屋子，找到一个安静的角落，闭上眼睛，用 3 分钟的时间进行责任转移

练习。他想象自己把表现好坏、成功与否的担子都转移到了神的肩膀上。他告诉我，他很快体会到那种从头到脚的轻松感，最后的演讲十分成功。

就我而言，我自己在做责任转移练习时，会想象仁慈的宇宙之神，她给我和世间万物做了一套周全的规划。这套信仰最适合我，而我也会把所有发生的事情当成这套规划的一部分。当我对某件事情的焦虑感上升时，我就会将责任转移出去。这样一来，我瞬间就会感到全身放松，温暖和安详的感觉遍布全身，整个人也似乎有了光彩。

减弱最大化倾向

举个例子吧！星期五的晚上，你去参加一个大型宴会，人们坐在不同的餐桌上用餐。在你所在的桌子上，人们的谈话很无聊，比起上一个你参加的晚宴真是差远了。更糟糕的是，你旁边的那桌常常爆发笑声。在这种情况下，你肯定会想：我真希望自己在另一张桌子上，他们似乎聊得很开心。

人天生就喜欢比较。每当有了一段新的经历，我们就会自然地拿它和以前的经历做比较或与其他人的经历做比较，甚至会同自己想象出来的经历做比较。尤其是当有许多选项时，我们会倾向于通过对比选择一个最佳选项。

然而，这个过程的每一环都会减损我们的魅力。在比较或评估的过程中，我们不容易保持专注。在寻找最佳选项的过程中，我们也会产生焦虑。另外，负面评价容易让我们陷入负面情绪，比如不满、嫉妒、憎恨。

因为大脑生来就有做比较的倾向，所以与这种倾向做斗争需要更大的努力。当注意到我们的大脑在做比较时，请尝试用责任转移来降低内心的不适感。

别做内在批评家

假如你即将参加一个重要的面试。随着时间临近，你的内心开始传出一个怀疑的声音，你开始想起过去的失败、经历过的羞辱以及自己的不足。于是，焦虑感不断地上升。如果你不知道如何有效地控制这种内心的声音，你的面试表现一定会糟糕透顶。（别担心，在第 4 章中，我们会详细介绍如何处理这种情况。）

我们对自己的看法会比其他任何事情更容易影响我们的外在表现。运动员对此深有体会。不管他们准备得多么充分，如果心理状态不好、不断自我否定，那表现就会受到影响。

如果我们内心不断否定自己、批判自己，我们的大脑就会把这种批评视为一种攻击行为。因为我们的大脑不善于区分现实与想象，所以会对这种攻击行为做出生理反应。这种生理反应通常被称为“威胁反应”或者“战斗－逃跑反应”。

这种生理反应在自然界很常见。就像斑马被狮子追逐时会拼命奔跑那样，人类如果受到了威胁，也会分泌出肾上腺素和皮质醇（一种“压力激素”）进入静脉，将它所有的能量径直引导到核心功能群：提高心跳的速度、呼吸的频率、肌肉的反应度以及视觉的敏感度等。而在这种情况下，身体不会再关注于多活 10 年，而是进入生存模式——多活 10 分钟。身体会关闭那些非紧急功能，如肌肉恢复功能、消化功能、免疫系统，以及那些“多余的”功能，比如认知推理能力。换句话说，这些功能不是生存的关键，受到威胁后，思考力就会降低。

戴维·罗克（David Rock）是“神经学领导力”研究实验室（NeuroLeadership Institute）的创始人，他说：“威胁反应会降低人的逻辑思维能力、创造力以及解决问题的能力。”这种反应带来的负面效果会影响我们的外在表现，也会让我们在别人眼中的形象大打折扣。

比如说，在和别人交谈时你无意间说了一句犯傻的话，你会想：刚才这句话真是不该说。而你此时的表情肯定会是紧皱眉头、神情紧张。之前我们已经了解到，人们很难控制自己的肢体语言，所以任何消极思想最后都会写在我们脸上。

即使我们的消极思想转瞬即逝，也会被对方注意到。自然地，对方会认为你对他们的言行有意见，进而造成了误解。这就是为什么心理活动会影响我们的肢体语言，进而影响我们的魅力和外在表现。

自我批评是我们实现自身良好表现的绊脚石。在商业领域，它被称为“沉默杀手”，许多职场人都深受其苦却又难以启齿。不管是职场菜鸟还是资深主管都曾向我坦承自己深受这种消极心态的折磨。在这种情况下，他们（包括我）会惊讶地发现，自己竟然还能把事情都做完。有位高管曾对我说：“一天中 80% 的时间，我都在与自我批评心态做斗争。”

对抗冒充者综合征

自我怀疑，其实就是对自己所做的事情缺乏信心：我们怀疑自己没能力做这件事，甚至怀疑自己学都学不会。更糟糕的是，它让我们担心自己有欠缺，就是做不到。**有一种典型的自我怀疑心理，叫作“冒充者综合征”（impostor syndrome）。有这种症状的人即使能力很强，也会认为自己什么都不会，然后等着别人发现自己是个什么都不会的人。**1978 年，佐治亚州立大学的教授首先提出了这种心理症状。据我们所知，到目前为止，约 70% 的人或多或少都有过这种感受。如今，我们终于有了应对它的方法（第 4 章会详细介绍）。不过，光知道有这么多人有过类似的感受就足够帮助我们抵挡它的冲击了。

有趣的是，冒充者综合征在高学历、高能力的人群中更普遍。当我在哈佛大学、耶鲁大学、斯坦福大学以及麻省理工学院演讲时，一讲到这里，会场就变得鸦雀无声，静得连掉一根针都能听见。他们意识到自己一直以来的体验居然有一个学名，而且自己并不是唯一一个遇到这种问题的人，这时候我发现他们都长舒了一口气。

斯坦福商学院新入学的学生都会被问到这样一个问题：“你们中有多少人觉得自己能进入这所学校学习完全是撞了大运？”几乎每年都有超过三分之二的学生会

有这样的想法。人们都很诧异，斯坦福大学的学生可是全国最聪明、最好的学生，他们经过层层选拔、严格挑选，几乎都是一等一的人才，而他们怎么会有这样的想法，认为自己没有资格进入这所学校呢？

有些成功人士也会有这种想法。迈克尔·奥斯兰（Michael Uslan）是蝙蝠侠系列电影的制片人，他曾告诉我："我到现在都隐隐觉得会有保安冲过来，把我扔出片场。"

冒充者综合征有时会成为我们职业生涯发展的绊脚石。职位越高，责任就越大，而如果失败的话，摔得也就越重。鲍勃·卢里（Bob Lurie）是摩立特集团（Monitor Group，全球领先的战略咨询公司）的合伙人。他说："在我职业生涯最开始的六七年里，我觉得自己就是冒充者综合征的典型患者，我时不时有这种感觉：一旦和资深经理人开会，他们会很容易看出我就是个什么也不懂的人。"

现在，我们已经了解了焦虑、不满足、自我批评和自我怀疑带来的影响。那么，这些消极情绪是从哪里来的呢？其实，它们正是我们的某项生存机制的副产品。这种负面意识督促我们采取行动，要么解决问题，要么想办法逃离这个状态。恐惧或者焦虑被设计为让我们立刻采取行动。你之所以对这种情绪感觉不舒服，正是因为它们是被"设计"出来让你"不舒服"的。

有时，极端恐惧带来的不适感至关重要。当我们的生命受到威胁时，一定很庆幸自己能够全神贯注于保命。然而，在现今社会，已经很少有那种生死攸关的状况出现了。所以，我们的本能反应有时反而会碍事。

你有没有在考试中晕场的经历，或者在重要的演讲或表演前怯场？就像一只暴露在聚光灯下的小鹿，你感到头晕、心跳加速、掌心出汗、动弹不得。你极力回想自己想在演讲中说些什么，却怎么也想不起来，因为你的高级认知功能罢工了。

有时，因为过于紧张，我们的大脑会宣告进入备战状态，关闭"多余的功能"。我们的身体降低了认知能力，但此时此刻我们反而最需要它。不过请放心，这种反应很自然也很正常，虽然当焦虑占据大脑时，我们很难记起这纯粹是为了保护自己。

当然，一定程度的自我怀疑可以激活我们的行动力。比如说，冒充者综合征也可以当作一个自我激励工具，让我们比其他人更努力地工作。但代价是什么呢？这种消极心理常常会影响肢体语言的呈现、互动的展开，甚至会阻止我们更好地享受生活。也许学会控制冒充者综合征并利用它的激励属性并不算是一件好事。相反，建立对自身能力的自信并且享受这种成就感，才是更好的选择。

如何处理自我怀疑和冒充者综合征？掌握这方面的技巧是我们最大化释放个人魅力的关键。通过练习，我们能够掌握应对这些消极心理的技巧，这些技巧在下一章里会有详细介绍。我保证，你内心的怀疑声音会渐渐变成鼓励的声音。

The **魅力聚焦**
Charisma Myth

◎ 不论是心理上的，还是身体上的，任何不舒适的感觉都会影响我们的表现以及他人对我们的看法。

◎ 即使是身体上的一点儿轻微不适，比如阳光照进眼睛里，也会引起心理上很大的不适，比如焦虑或愤怒。

◎ 预防很重要：提前规划好自己的穿着以及会面时间与地点。

◎ 时刻注意自己的身体状况。一旦身体上有任何不适，请立即采取行动改善这种感受或者向对方解释。

◎ 运用责任转移等技巧，降低焦虑、不确定感、不满，别让它们反映到你的肢体语言中，进而影响你的表现。

◎ 请记住，焦虑、不满足、内在批评、自我怀疑等心理是很常见的，它们是正常的心理状态，我们每个人都曾经历过。

04

3 步挣脱不适感，扫除魅力的绊脚石

The Charisma Myth

How Anyone Can Master the Art and Science of Personal Magnetism

现在，我们已经充分意识到，身体或心理上的不适都会对魅力指数造成很大的影响。在这一章，我们将学习战胜这些不适的方法。如果你再度自我怀疑、没有耐心、急躁或焦虑，就可以成功、自信地去应对了。

巧妙地应对这些不适需要 3 个步骤：首先，正视不适感；其次，消除负面想法；最后，认知重评。让我们开始吧！

第一步：正视不适感，度过内心的混乱期

我们需要清楚地意识到，每一种情绪都是正常的、普遍的，没有必要为此感到焦虑或羞愧。这样才能正视不适感，减少随之而来的负面影响。内心不舒服或者感到消极是生命的常态，每个人都经历过。

每个人都有七情六欲，即使是著名的和平爱好者、终身都在践行佛教宗旨的一行禅师也会对一些人、一些事感到愤怒不已。

不过，在我们的文化里却有这样一种成见，认为如果身体或心理上不适，那就

一定是事情出错了，或者是自己有问题。即使是在遇到重大变故时，比如失业、离婚甚至失去亲人，我们也会给自己设置一个时间点来结束悲伤和忧虑。一旦过了这个时间点，就觉得不应该再有那种感觉了。

这种思维方式是导致我们很难调整消极思想、情绪以及内心感受的主要原因之一：我们认为这些情况不应该出现。所以，当我们心情很糟糕的时候，往往也会对“心情很糟糕”这件事感到很糟糕。

想要正视不适感，我们就要学会提醒自己这些感受是人的正常体验，也是大脑生存机制的副产品。如果你能想起有同样经历的人，尤其是比你先经历了这种感受的过来人，而他和你关系紧密或是你的偶像，这将对你很有帮助。

如果你失去了一个重要客户，请想一想有没有你敬重的同事或者导师也经历过类似的挫折？想象一下他们经历的过程，如果可以面对面听他们讲是最理想的；如果不能当面请教，想象他们渡过这个关卡并向你传授经验也是非常有帮助的。（要记住，我们的大脑不善于区分想象与事实。）

另外一种正视不适感的方法就是，提醒自己并不是一个人在经历这种事情。我敢保证，地球上 70 亿人中有数以千计的人在此刻经历着同样的事情。所以，不要认为这些问题只能自己独自承担，把它当作一群人需要共同解决的问题、一个可以被分担的负担。

我的一位客户曾告诉我，一想到其他人和他一样也在被消极情绪困扰，他就感到压力缓解了不少。他喜欢看着周围忙碌的同事，想象他们可能碰到的问题。他觉得这样做的效果就和责任转移的效果一样。他说：“这种方式能让我感受到自己此刻的情绪和思想并不是错误的行为，而是普遍存在的、正常的。”

我从自己的个人经历和教学培训中发现，只是采用这种新的思维方式并学习如何缓解焦虑感和羞耻感，就能让我们更容易度过内心的混乱期。

羞耻感对我们的健康和快乐的伤害是最大的。心理学家布里尼·布朗（Brene Brown）把羞耻感定义为：“羞耻感是害怕自己不值得被爱的心理。它是一种刻骨铭心的痛或经历，即相信自己有缺陷，不值得被爱。”

羞耻感的杀伤力之所以这么大，是因为它与我们作为人类基本的、受人接纳的需求息息相关。在人类早期，个体若被驱逐出部落也就意味着死亡。这是一种“生死攸关”的状况。所以，我们的大脑会认为社交关乎自己的生存。当我们感到饥饿和被排斥时，大脑会产生类似的神经反射。所以，在人类的记忆深处就埋藏着这种恐惧：担心自己不被接纳，害怕自己被放逐。

人类非常容易产生羞耻感，而且这种感觉很容易堆积如山，压得我们喘不过气来，这对健康非常不利。有一个客户曾向我坦言，他有一次经不住嘴馋吃了一块糖，他觉得自己因此产生的羞耻感等级跟三级谋杀没什么两样。

陈一鸣（Chade-Meng Tan，中国人）是谷歌的“开心一哥”[①]，他也是一个冥想实践者。他认为，对一些心地淳朴善良的人来说，羞耻感让他们更难以接受。他们会这样想：如果我是一个好人，为什么会感到羞耻？如果我真是个好人，就不会有这种羞耻感。

学会调整羞耻感对提升魅力指数至关重要。通常，让我们感到最痛苦的并不是情绪本身，而是因为有这种情绪而产生的羞耻感，这才是杀伤力最强的。如果我们能正视不适感，把它们当成人生必须体验的部分，而且每个人都会时不时地经历，那接纳起来就会更容易。

---

① Jolly Good Fellow，这是他的官方头衔。

The Charisma Myth
练习时间

正视不适感

当下一次令你不适的情绪来袭时，请依据下面的步骤进行练习：

1. 记住，产生不适的情绪是很正常的，这是人类进化下的本能，每个人都会经历。
2. 别夸大：这只是很普遍的人生经历，每一天都会发生。
3. 想一想有谁和你有过同样的经历，尤其是你所仰慕的人。
4. 把这一刻的不适感视为与他人共同承担的负担，你只是其中的一员，其他人与你同在。

上面的步骤会帮助我们正视不适感，为提升魅力指数打下基础。在后面的章节里，这些步骤与技巧还会反复出现。

第二步：消除负面想法，看见“大猩猩”

学会正视自己的不适感后，下面就要开始采取行动消除负面想法。最重要的方法就是，先要意识到我们的想法有时是不正确的。

还记得在餐厅里那个因厚厚的西服而引起的误解吗？有时候，对方呈现出的消极反应可能和正在进行的谈话一点儿关系都没有。有哪些事情是我们看不到的？他们是不是累了、饿了，或者病了？或许他们正在经受着身体或心理上的不适。

所以，下次交谈时，如果看到其他人的脸上呈现冷漠的表情，就提醒自己这可能仅仅是因为对方身体感到不舒适。也许你会在他脸上捕捉到“内部风暴”的余震，这更说明他的反应与你们的谈话或他对你的看法没有一点儿关系。

请试着把这一观念牢牢地记在脑子里。我知道，这有时很难。直到现在，在和他人谈话时如果捕捉到对方不耐烦的表情或声音，我有时还会感到很难受。的确，我们很难不把对方的表现和自己刚才说的话联系起来。但是，我们应努力让自己不受影响，因为这种情况很有可能是由对方的身体或心理上的不适引起的。

我们之所以会被自己的负面想法所影响，主要是因为我们认为，大脑精准地捕捉到了事实，而它的结论往往是有效的。但这其实是一个错误的见解。在大多数情况下，大脑所看到的现实完全是曲解的。

哈佛大学有一个很著名的心理学实验——“看不见的大猩猩”。参与者被要求观看一段视频，内容是两组人员传递篮球。参与者被要求记录其中一组人传递的次数。在这个过程中，有一个身着大猩猩服装的女士穿过篮球场。

看完视频后，参与者被问到画面上是否发生不同寻常的事情。结果，大部分人都没有注意到穿着大猩猩服装的女士曾在镜头前和大家挥手。

你觉得你会做得更好？那么一起来完成下面的测试：

> 现在，请你往四周看，并注意周围所有蓝色的东西。
>
> 接下来，眼睛盯着这一页，然后想一下屋子里所有红色的东西。
>
> 是的，请按照我的要求去做。尽你最大的努力。
>
> 然后，抬起头往四周看，你是不是看到了更多红色的东西？

这是什么原因呢？我们的注意力是有限的。在一段时间内，我们只能看到一定量的信息。每一秒我们的眼睛都会接收到数以万计的信息，而大脑只能处理很少的一部分，所以我们无法注意到所有映入眼帘的事物。

面对大量的信息时，大脑会筛选出它认为“重要”或者我们有意识去关注的信息。因此，在这个过程中，我们的思想也无法提供一个完整、精准的现实表述，因为大脑不得不去过滤信息，所以最后留下的是并不完整的观点，代表的只是一部分信息。

大多数时候，那些被过滤掉的信息并没有什么用，所以我们看到的图像都是基本接近于现实的。但有时候，**我们的大脑却会给我们呈现出一个扭曲的现实。被扭曲的现实总是呈现出消极的一面，这是因为我们的大脑倾向于专注于危险的事情，它们认为重要的往往是负面的信息。这种心理学现象叫作“负面偏好”**（negativity bias），下面让我们举个例子。

玛丽是一个年轻的平面设计师，人生中第一次要为公司最大的客户主导一个项目。项目开始后不久，她接到了客户公司里的对接人吉姆的电话。吉姆对玛丽说：“我是您的头号粉丝，非常仰慕您的才华，在公司里大力宣传您的作品，但我的老板对此好像并不感兴趣。我想，可能是因为在刚开始接触时，您的团队并没有给他留下很深刻的印象。”吉姆想为玛丽争取到他们公司所有的设计工作，他认为玛丽非常出色，也肯定老板和他们再次会面之后一定会为之惊叹。因此，他希望为玛丽和老板再安排一次会议。

在吉姆的话语中，玛丽其实可以接收到很多积极的信息。吉姆是她的“头号粉丝”，她是“才华出众的”，他甚至还希望，公司后面的项目都由玛丽来接手。玛丽在接下来的几小时里，本可以沉浸在客户的赞美里，好好享受一下。但是，这并不是我们大多数人的思维方式。我们绝大多数人都会把重点放在“消极的部分”，玛丽也是，她的注意力都放在了她的团队并没有给吉姆的老板留下深刻的第一印象上。如果玛丽死钻牛角尖，脑子里一直想着“消极的方面”，那么她的信心肯定会受到极大的打击。当她上台演讲时，她的魅力也会大打折扣。

如果你的脑海里始终在想着那些消极的信息，就提醒自己一下，我们可能并没有得到一个完整的现实反馈。你的大脑可能一直在遵从其负面偏好，那些积极的方面甚至整个事实真相都可能被你忽视掉了。

就像是在幻象世界，你的眼睛被欺骗了，看到的事物并不是真实的。我们的大脑也会产生一种幻象，把我们感受到的当成事实。

认知心理学家史蒂文·海斯（Steven Hayes）建议，我们可以把消极思想当成街角墙上的乱涂乱画。纵使在街上看到这些丑陋的涂鸦，也不意味着看到的这些丑陋的你是一个丑陋的人。

想象自己漫步在思维之路上，忽然，你注意到了一个消极思想，请把它当成街角墙上的乱涂乱画。是的，仅仅只是乱涂乱画而已，这不意味着你就是这样的人。

你也可以把人的思维看作大脑皮层表面的电流火花。事实上，人们的思想并没有什么实际的形态，它们只是游走在大脑中的电脉冲。

对我来说，自从意识到自己的思想并非所有都有价值之后，我开始通过大量的练习训练自己消除消极思想，现在我可以快速识别它，并把它的影响几乎降为零。

我们可以这样自问一下：“即使发生最糟糕的状况，又能坏到哪里去呢？”丘吉尔曾说过，世界上没有所谓的致命、不可挽回的失败。了解这一点对于增强我们的信心大有益处。但请注意，对有的人来说，想象最糟糕的状况可能会适得其反，因为这会增加他们的焦虑。但对大多数情况而言，这个方法值得一试，即使再坏，又能糟糕到哪里去呢？看看它是否适合你吧。

The Charisma Myth 练习时间

消除负面想法

你可以随时运用下面的技巧，来降低负面想法对你的影响。开始练习时，选择一个对你最有效的技巧，然后反复训练直到它成为你的本能反应。当然，你也可以自己探索出一些技巧。

- 不要想当然地认为自己的思想是完全正确的。别因为心里涌起了某个念头，就觉得它是真的。你得假设自己忽略了很多让自己往积极方面思考的因素。
- 把自己的思想看成墙上的乱涂乱画，或者是大脑中不断游走的电脉冲。
- 给你自己的负面想法贴上标签：自我怀疑、愤怒、焦虑等。如果自己对消极思想有一个清晰的认识和判定，就能帮助自己消除它们。
- 正视不适感。比如，不要去想：我感到很羞耻。要想：我的思想里还留有一些羞耻感。把自己想象成一个科学家，去客观地观察自己："真是有趣，我的自我怀疑的思想现在正变得越来越强烈。"
- 请想象从远方观察自己。镜头不断拉远，直到从宇宙中看到我们的地球。然后，再把镜头拉近，先是我们的大洲，然后是我们的国家、我们所在的城市、我们自己，最后是我们大脑中的电脉冲。从这样的视角来看，我们遇到的麻烦和问题就都不是事儿了，我们的思想微不足道。
- 把自己内心的怀疑声音想象成从收音机里发出来的，你可以把音量调低，以至于到最后可以把它关上，放到一边儿去。
- 想象事情进展最糟糕的结果。然后意识到，即使是最糟糕的结果，我们也能"生存"下来。
- 想一想过去也曾有过类似感受的时候，那时候你觉得自己好像坚持不下去，但现在想想你也熬过来了。

这里我们是在学习"消除"没有用的想法。我们尝试避免掉入这样的思维陷阱，即不断争辩或者强势镇压这些负面想法。例如，如果我不让你去想"白象"，那么你的脑海中想象的第一件东西是什么？对，就是白色的大象。所以，如果我不让你去想白象，反而会让你的脑海中出现成群结队的大象。

史蒂文·海斯和他的同事曾做过一个有趣的实验，是关于我们能够坚持多久不去想那些明令禁止的想法。他们要求那些志愿者不能去想“黄色吉普车”。对于大多数志愿者，他们的脑海中立刻就浮现了“黄色吉普车”。而其中的少数人即使能压住自己想“黄色吉普车”的想法，也很快就投降了，“黄色吉普车”也出现在他们的脑海中。有的参与者反映，即使是几天之后，他们的脑海里还会时不时地出现“黄色吉普车”这一印象。

如果我们试着强迫自己不去想某些事情，反而会加深对这件事情的印象。所以，最好的方法还是要尽量去冲淡和消解我们的负面想法。

现在，我们已经学会了应对消极内在的前两步：正视不适感与消除负面想法。第三步也是最后一步是，不仅要消除内心的消极感受，而且要重塑一个新的心理现实。

第三步：认知重评，转换视角获得满足感

现在是周一早上 8 点，你正准备开车去参加一个重要的会议。会议上，你要做一个 30 分钟左右的演讲，这关系到你未来的职业生涯发展。此刻，你很冷静，专注地开车。忽然，一辆黑色的大车冲到了你的前面，并占了你的车道。你立刻踩了刹车，双手紧握方向盘，心脏怦怦直跳。这辆车不但变道不打转向灯，车速还时快时慢，几乎让你追尾。忽然，它又离开了你的车道，让你右边的车来了个急刹车。你心里骂道：真是个蠢货！这一刻，你的内心充满了愤怒。

此刻，你的身体有什么样的感受？身体的应激反应让你心跳加速、肌肉紧张、压力激素水平提升，你的心中充满压力和愤怒。你知道，自己必须尽快平静下来，

否则，接下来的演讲可能会被搞砸。但是，时间紧迫，你却始终无法把那个蠢货司机赶出脑海。

一旦我们进入紧张的应激状态，就很难再平静下来。愤怒是情绪中最难以驱赶的，这就是为什么早上的大堵车会让我们接下来的数小时甚至一天的心情都很糟糕。

如果你只打算简单地压制愤怒，结果可能会适得其反。当人们从主观上去压制自己的情绪时，心理状态其实并没有改变，心血管系统和大脑仍然会保持偏高的应激反应状态。

但是，如果你知道刚才的那个鲁莽司机其实是个焦虑的妈妈，她的宝宝在后座上要窒息了，她正想着停下车来救孩子的性命呢？

这会不会减轻你的愤怒情绪？

对大多数人来说，这的确会。

重塑自己的认知就是改变自己对已经发生的事情的看法，心理学上叫“认知重评”。这能在很大程度上减轻我们的大脑压力。斯坦福大学的功能性核磁共振研究表明，改变对事情的看法会大大释放我们的心理压力，比压制或忽略情绪更有益处。

大多数情况下，我们并不知道他人的行为动机，所以我们可以选择那些对我们有利的动机解释，从而获得我们展现魅力所需的特定心理状态。

这个建议一开始听上去不可思议，但这的确是减轻消极心理的有效途径。它能很快让你的心理状态恢复平静，并能提升自己的魅力指数。

我第一次接触到认知重评是在一次商学院的课程中。[①] 从那时起，我就运用这一方法。我总是会回想起在波哥大的那一晚，我成功运用了认知重评的方法，体会到了其中的能量，最后很好地调整了自己的情绪。

当时是凌晨 4 点，我依然辗转反侧无法入睡。再过几个小时，我就要为一个跨国公司的 300 位高管演讲。他们的首席执行官希望高管们在听完我的演讲后，能够调整心态并获得实用的技巧。我一共有 90 分钟的时间来演讲，从而帮助他们增加自信、影响力、说服力以及感染力。而且，整个演讲要用西班牙语完成。压力之大，可想而知。

我已经在酒店的房间里徘徊了无数圈，但还是无法入睡。望着窗外的城市灯火，我极力想让自己平静下来。但是，我的思维还是在飞速旋转，无法停下来。我感到恶心、筋疲力尽、情绪崩溃，仿佛还有失忆的感觉。

突然，我想到了那个认知重评的练习。虽然看上去希望不大，但此时不管是什么方法，我都愿意试一试。我坐下来拿出纸和笔，问自己："如果今晚所经历的失眠、恶心等都是我通往成功所必须经历的呢？那么，在重压之下的前一晚，我所经历的这一切更能凸显我哪些方面的能力？"

几分钟之后，答案出来了。我写道：

> 也许，这次经历会告诉我，即使前一晚没怎么睡觉，即使需要用外语做演讲，我也依然能够取得成功。这一晚的经历会成为助我在今后面对更重要的任务、承受更大的压力时的关键。到那时，我会非常感谢自己曾经历过这样的状况。

一开始，这些话看上去就像瞎扯。但是把它们写下来（一定要写下来，这很重要）的过程让我逐渐相信，这些话可能会成真。我继续把这次经历的所有可能的

---

① 这里的课程指的是斯瑞库马·拉奥（Srikumar Rao）在哥伦比亚大学商学院开设的最受欢迎的幸福课，课堂氛围非常热烈。

“好的方面”一一写下来，并且尽可能详细：我在演讲中所说的话、引用的事例、在什么时候说个笑话以及听众的反应，等等。我写得越多，我的焦虑就越少。最后，我的心情越来越平静，甚至感到愉悦。我想象自己的演讲大获成功。后来，困意袭来，我倒头就睡，睡了大概一个小时左右。

猜猜最后演讲的结果是什么？我写下的那些话最后都实现了。演讲很成功，听众都热情极了，他们公司的首席执行官也很高兴。现在，每当我对即将到来的任务感到焦虑时，都会提醒自己“想想波哥大”。

从那时起，我就经常运用认知重评技巧，使自己获得更平静的魅力心境。我把这个技巧传授给我的学员，他们也都认为这个技巧好用极了。我认识很多成功人士也都运用过类似的技巧。一个成功的企业家曾跟我说：“我每次都会把事情往好的方面想。这并不是因为我天生是个乐天派，而是因为这样想的确能够帮助我。”

为什么这个方法能够奏效呢？在此，我们还是得感谢大脑无法分辨现实和想象的特性。哈佛大学医学院的一项研究表明，即使在我们知道自己在欺骗自己的情况下，安慰剂效应也能发挥作用。

所以，当我们面对很大的压力或身处很艰难的环境时，与其去压制自己的内心情绪，不如换一种思路，编一个新的版本。塞翁失马，焉知非福？可能这种处境会帮助你，获得更好的结果。想象新的情境，更容易让自己平静下来。

当然，最有用的认知重评不见得是最令人欢欣的。举个例子吧！

出版商当时给了我一年的时间来完成这本书。我想尽可能高效地完成，以防像新手一样拖稿。一位作家朋友用帕金森定律提醒我：“只要还有时间，工作就会不断扩展，直到用完所有的时间。”作家朋友建议我，不要把工作时限设定为一年，而是设定为一个月，给自己增压，想象最后的交稿时限为一个月。这样，一个月之后，我肯定不会完成整本书，但是比之前一个月里写的稿子肯定要多。

这听上去值得一试。所以，我想象我的出版商发了疯，只给我一个月的时间写完整本书。我很吃惊，想象出来的东西竟然跟真的一样。我甚至紧张得胃疼，这让我以为一切都是真的。

这次写作体验是愉快的吗？肯定不是。是高效的吗？当然是。仅仅一个月的时间，我几乎完成了三分之一的初稿内容。如果没有这个想象出的截稿时间，我一定无法这么高效。

认知重评的核心就是：在一定的背景下，什么样的心理状态是最有益的？哪一种心境可以帮助你快速实现它？就魅力而言，如果你感到亲和力不足或者不够自信，可以随时随地运用这个技巧。对于一些小事来说，简单地换个解释就足以减少愤怒和焦躁，变得更包容。

The Charisma Myth **练习时间**

认知重评

假设你今天有一个重要会议，却因为交通拥堵而即将迟到。这时候，你的焦虑感不断上升。请问问自己：这次迟到会不会是一件好事？不断重复这个问题，看看大脑能给你多少答案。你可能会得到这样一些答案：

- 这次迟到救了我一命——如果交通像往日一般顺畅，很有可能在我上班的路上，一辆 18 轮的大卡车在十字路口突然冲撞出来，令我猝不及防。
- 我今天要见的人也许非常期待我晚一点到，这样他就可以多工作一会儿，完成手上的工作。

- 这是宇宙之神（或命运、上天等）对我的安排，也是最好的安排。他让这次会议无法如期举行，肯定是想让我有更好的选择。

当你在处理一个很有挑战性的问题时，请在纸上展开认知重评。把一件事情好的方面写下来，写的过程就是加深大脑的印象、重塑我们的心境的过程。不要小瞧“写下来”这一步骤，它能让我们的想象更真实。你可以用现在时去写：“演讲正在进行，效果很不错。”或者，你最好用过去时去写：“演讲已经结束，大获成功。”

我的一位学员曾跟我交流使用认知重评技巧的心得。她说：

有位同事曾给我发了一条嘲讽意味很浓的短信，我看过之后非常生气。我意识到负面情绪正在侵蚀自己的心境。所以，我尝试了认知重评技巧。我想象着发给我短信的同事此刻非常孤独，他正在尝试和大家打作一团，所以给我发短信以示亲切。这样想着，我的心情也好了很多（这对我很好），并给了他正面回应（这对我们俩都很好）。

有时，我们可能需要向自己讨厌的人展示魅力。然而，我们都知道，怨恨的心理有时很难消除，我们很容易从肢体语言中表现出对某人的怨恨。而且，怨恨的心理会让我们的身体受损。就像俗语说的：“怨恨，就像是自己喝着毒药，却希望死的是别人。”

不论你现在处于多么令人怨恨的环境，都可以调整好负面心理，不去影响魅力指数。从怨恨之中解脱出来并不容易，所以认知重评对我们来说就很关键。下面的练习能让你在很大程度上减轻自己的怨恨情绪，这一训练过程可以说是痛并快乐着。

The Charisma Myth 练习时间

获得满足感

- 回想一个曾经冒犯过你的人。
- 拿出一张白纸，把你想对那个人说的话都写下来。这样做对你来说没有任何损失，请一定要认真做这件事情，亲笔写下你要说的话。
- 当你把所有想要说的话都写下来后，把纸放到一边去。
- 拿出一张新的纸，把你想从那个人那里得到的回答写在这张纸上。你可以要求他对自己的行为负责，要求他承认自己的错误，并为自己的行为向你道歉。反正这完全是你的想象，所以想听什么就写什么。

一开始，这种练习可能会让你感到别扭、古怪、不现实，而且刚开始可能效果也不是那么明显。但是，几天后你就会为这种练习的效果而吃惊。为了加强效果，你可以每晚都读一遍那封“道歉信”。最后，你的心境会变得更平静。

我的一位客户曾跟我说，坚持这种练习让她卸下了曾压在心头 10 年之久的重担。还有一位客户对我说，他曾和自己的商业伙伴发生过矛盾，导致两人关系很紧张；而现在，通过这个训练，他们的关系得到了很大缓和。他说：

> 如果当初可以选择的话，我绝对不会再跟他见面。但是，因为业务上的关系，我不得不和他来往。我明白，如果我不尽快找到一种方法来减轻我对他的憎恨，那我的表情和肢体语言里就会写满对他的憎恨。这会影响我的形象和魅力。所以，我开始这种练习。刚开始，我并没有感觉到什么变化，但把自己心中的郁结写下来还是让我感觉轻松了不少。几天后，在和他接触时，我感觉到了变化。虽然他并没有道歉，但我对他的憎恨减少了。我得到了道歉（虽然是我自己写下的），而我认为已经没有必要亲耳听到他

的道歉了。虽然我们的关系没有得到完全改善，但我已经可以和他正常交流了。

通过认知重评和获得满足感这两个练习，你可以选择自己看待问题的角度，这会让你既魅力四射又效率十足。

综合运用，重归平静的心境

现在，我们已经学完了战胜内心阻碍、通向魅力之路的 3 个步骤，接下来就是综合运用这些技巧。下面的一些生活实例能让我们清楚地看到，该如何运用正视不适感、消除负面想法以及认知重评这 3 个步骤来提升自己的魅力指数。

到目前为止，迈克今天过得很不错。手头的一个大项目马上就要完工，他把胜利在望的消息告诉了其他团队成员，每个人都很兴奋。他高兴地走回办公室。注意到电话录音器在闪烁后，他点了播放键，那是他最大的客户约翰的声音。约翰的声音听上去很紧张，他要迈克尽快回电话。

听完这些话，迈克的心一沉："我感觉有什么事情不对，约翰这是要终止我们的合作了，我就要失去最大的客户了。我能从他的声音里听出那种紧张感。"

迈克确信，有事情出了岔子。但在给约翰回电话前，他停了下来。"你知道该怎么做。"他对自己说。然后，他开始按照以下的步骤做：

1. 深呼吸，检查并确认自己的身体没有不适的地方。
2. 提醒自己，紧张感是完全由自己的主观臆断而造成的，事实上并没有什么事情发生。把视角拉远，从远处看自己，就会发现只不过是个小人物坐在屋子里为自己的小事而烦恼，没有别的。
3. 正视不适感。请提醒自己你的体验是很正常的，每个人都曾经经历过。想象有无数人在跟你一起经历这种体验。

4. 消除负面想法。提醒自己，很多想法有时并不是真实的。可能有很多次你都确信将要失去某个客户了，最后却发现事实并非如此。
5. 考虑一下认知重评。迈克想：约翰声音里的紧张可能跟我没有关系。也许他是因为上周的工程进展有些慢，感到有些担忧。也可能是他害怕失去我，因为他觉得，他在我心中的地位没有其他客户在我心中那么重要。他是怕我终止合同。
6. 责任转移练习。想象自己的责任已经转移到了一个全能的神手中，一切都已经安排好了。

随着练习的逐步进行，迈克感觉到自己的紧张感逐渐消失了。完成整个练习后，迈克从最初的消极心态转变为思考汤姆这通电话的各种可能性。伴随着重归平静的内心，迈克拿起电话用充满魅力的自信与他的客户展开谈话。

“大师”的王牌：把注意力集中在不适上

现在，你已经学到了很多应对魅力障碍的技巧。如果你想学习更高一级的魅力技巧，这里还有一个工具能帮助你达到“大师”的水平，在任何艰难的处境中都能重新回到魅力状态。这个方法如同你袖中藏着的王牌，只要掌握了，你的心里就不会慌张，并始终充满自信。

这个技巧能让你在谈判中立于不败之地，也能让你在社交、演讲等场合魅力四射、光彩照人。但是，这种技巧却不好学，因为它需要我们对抗自己的本能。那么，这个神秘的技巧到底是什么呢？

它就是，学会适应各种不适感。

听起来很简单？的确是，但是做起来却很难。

请想象这样一种情景：因为天气不好，你坐的飞机滞留了。你不得不坐在狭窄拥挤的座位上等待，但飞机上的空调坏了，空气越来越闷热，汗水不断从你脸上往下流。而此时，你的座位后面有个婴儿开始大哭，你能感受到自己在身体和心理上的不适开始越来越严重。你感到不耐烦，但本来应该放在座位后袋的杂志被空姐收走了，你没办法通过读杂志来转移自己的注意力。你不知道这种情况会持续多久，但飞机似乎不会马上起飞。那么在这种情况下，你该怎么办？

答案可能会让很多人吃惊。在这种情况下，我们应当把注意力集中在这些让我们不舒适的地方。是的，虽然这听上去很不合理，但比起忽视或压制这种不适感，这样做反而会有更好的效果。

这样做有个好处，它让我们的大脑能够把精力集中在某样事物上，而不是一直在想“这种情况是无法忍受的……”。其次，它让我们把注意力集中在此时此刻，而我们都知道，这是魅力要素之一。事实上，这个技巧叫作“探索知觉”（delving into sensations），它能让你在感觉极度不适时保持专注。

The Charisma Myth 练习时间

探索知觉

这个练习会先创造一个不舒适的情境，然后帮助你去适应它。你需要一个可以信任的同伴，然后找到一个安静的地方坐下来。

请把下面的步骤熟记在心，因为一旦开始练习，你就不能去读下面的步骤了。如果你想让我的声音指导你完成这个练习，请登录这个网站：http：//www.CharismaMyth.com/discomfort。

- 定上 30 秒钟的闹铃，然后开始盯着同伴的眼睛。

- 一旦你感到不舒服，请把所有的注意力都集中在这种感觉上。明确这种不适感是因为感到了对方的目光压力，还是因为感到别扭，或者是因为害羞。
- 尽可能地去体验这种不适感，清晰地描述它，就像是一个大厨描述自己亲手做的菜。
- 让这种不适感增强。它是怎样影响你的身体的，你有没有感受到下巴的紧张、胃部的疼痛？
- 想象自己是一个科学家，在研究这种体验。尽量客观地去描述这种体验，给它起一个名字，就像是“冷”和“热”一样。
- 当你想要笑出声来或实在忍不住要说话时，一定要坚持住。这是锻炼我们直面困难和不适感的机会，不能躲避它。

如果你和同伴直视对方达到了 30 秒，那么请奖励自己一下。能够成功做到这一点，其实很不容易。

现在，重新做一遍这个练习。这一次，运用下面两种方法，看是否能提高你的训练效果。

1. 持续鼓励自己。做这个练习时提醒自己，这是一件很困难的事，自己的表现很勇敢。
2. 提醒自己，这种不适感迟早会过去，就像之前经历过的其他不适感一样，慢慢就会消退。

经过几个小时的练习之后，请检查自己适应不适感的能力。你也许会吃惊地发现自己已经远离不适感了，即使在练习过程中你还以为这种不适感可能永远都甩不掉。如果你真的觉得甩掉不适感了，请记录下这一刻的感觉，下次再有这样的经历时，你就可以更好地去应对了。

罗伯特是我的一个客户，一位聪明高效、雷厉风行的公司高管。不过，他做事很没有耐心。对他来说，冗长无聊的会议简直是一种折磨。他每次开会都要强忍住自己的不耐烦，感觉自己都快崩溃了。

对罗伯特而言，花费大量的精力去强忍住自己不耐烦的感觉只能让事情更糟糕。和自己打“内战”可不利于展现魅力，开会走神只会削弱他专注当下的能力，让他显得毫无魅力、对他人毫不关心。我建议他尝试一下这种“探索知觉”练习。

罗伯特反复练习，并把它训练成了自己的第二天性。现在，每当感到不耐烦，他的身体就本能地聚焦于这种感知。他把自己这种状态描述为：“如侍酒师那样能够很好地描述美酒。”他开始适应不适感：“这种技巧非常有用，它能让我在摆脱不耐烦情绪的同时保持专注。”

处理各种不适感的能力是一种非常有用的技能。你越不受不适感的影响，就越能在各种场合中展现魅力。当你掌握了这一点，从商业合作到人际交往，任何场合中都没有什么可以阻挡你的了。

有一位首席执行官曾经对我说过：“职业生涯中最有用的技能就是学会适应各种不适感。”想想那些公司领导者不得不经历的头疼事，比如开除员工、承受项目失败的后果以及参加那些无聊的会议，再想想在谈判中那些让人极度难受的沉默时刻，就知道此言非虚了。很多谈判专家都曾对我说过，通过观察谈判双方谁更能忍受沉默和尴尬的气氛，往往就能知道谁能胜出。

尝试一下下面的练习，增加自己的复原力。把这个练习当成在学习一项新技能，比如练习新曲子或投球技巧，而不是对自己行为能力的测评。就像你通过在健身馆锻炼来增加自己的肌肉力量一样，这里你在增加自己的复原力“肌肉”。

拓展舒适区

下面的练习能帮你拓展舒适区，适应令你不舒适的环境。这些练习可能会让人尴尬，所以请找不熟悉的人练习，而不是选择你的重要客户或老板。

- 长时间盯着某人。我的一个学员曾在汽车站进行这项练习，他用眼睛长时间盯着坐在到站的车上的乘客，换来的反应多种多样，有微笑，有招手，当然也有愤怒的咒骂。
- 在狭窄空间进行练习。比如说，在电梯里尽量靠近某人。看看自己能否控制住自己的反感。
- 为其他人打开电梯的门，然后最后一个进入电梯，面向大家站立。
- 和一个陌生人聊天。比如，在咖啡店买咖啡时，尝试和你周围的人聊天，问一个开放性问题："我在想，这个店的哪个甜点更好吃，是小蛋糕、曲奇，还是甜甜圈。"

一开始做这些练习时，你可能会感到尴尬和不舒服。但你并没有做什么违法的事情，你感到不适只是因为我们的社交习惯在制约着你。你可以提醒自己，我们是在进行一项很重要的练习，在增加技能和拓展舒适区。提醒自己，这种经历很快会过去，不适感很快就会消失，就像我们之前的训练一样。所以无论是在公交车上、地铁上，还是在买东西排队时，请抓住每一个机会和你身边的陌生人交流，你的适应能力将会快速提升。

你可以在身体或心理感觉不舒服的时候进行这项练习，无论是你觉得太热、太冷，还是在生气、不耐烦、恼怒、恐惧的时候。你会惊喜地发现，有时过去难以忍受的情景，现在也可以很好地适应了。

现在，我们已经学完了所有的获得魅力心境的技巧。正视不适感、消除负面想法以及认知重评这 3 个步骤会让你克服各种障碍。每当你遇到问题，就回头再看看这一章所学到的技巧，让这些技巧成为你的第二天性。

The 魅力聚焦 Charisma Myth

◎ 要想成为魅力四射的人，你必须首先踢开最大的绊脚石：内心的不适感。

◎ 用“三步法”去除内心的不适感：正视不适感、消除负面想法以及认知重评。

◎ 不适感来自人类的生存本能，是人生必经的一段体验。想一想其他人，尤其是你尊敬的人，同样在经历着这样的心理过程。把自己想象成当下拥有同样感受的人类大家庭中的一员。

◎ 消除没有用处的负面想法。我们的大脑经常会扭曲事实，你可以把负面想法看作墙上的乱涂乱画。如果你看到一幅脏乱的图画，这并不意味着看见它的你就是一个丑陋的人。

◎ 认知重评：通过其他的视角来看问题。要想达到最佳效果，可以用笔写下认知重评的各种细节。

◎ 通过探索知觉练习来适应各种不适感，这是更高级别的练习。把注意力集中在不适感上，让自己的大脑不去思考其他无关的事情，而是关注当下。告诉自己，不适感迟早会过去。

05

4 招构建特定心境，呈现极致魅力

The Charisma Myth

How Anyone Can Master the Art and Science of Personal Magnetism

在上一章，我们学习了如何克服魅力障碍，现在你将要学习去建立一种能够帮助你呈现极致魅力的魅力心境。同时，你也要学习如何增强自信，以及如何展现亲和力与影响力。如果你有想要构建的特定心境，比如从容和喜悦，你也将会找到方法来达成这个目的。

好莱坞大腕的秘密：充分利用你的五感

高尔夫球运动员杰克·尼克劳斯（Jack Nicklaus）说，哪怕在训练时，每打一杆，他事先都会在脑海中想象打出后的情景。其实，很多职业运动员在训练和比赛时都有这种习惯，即视觉化想象胜利时的场景，这等于告诉他们的大脑这是他们期望身体进入的状态。

斯坦福大学行为科学高级研究中心主任斯蒂芬·科斯林（Stephen Kosslyn）教授说："有证据表明开始某一项运动前，将其在脑海中视觉化想象能够很好地激活大脑，尤其是在实际运动中会使用的那部分脑区。"这就是为什么视觉化想象能够起作用的原因。事实上，在进行一段时间的高强度视觉化想象训练后，有些运动员表示他们会感到筋疲力尽。视觉化想象训练甚至可以改变大脑皮层的结构。有研究表明，在脑海中反复进行钢琴训练，会使大脑运动皮层发生显著的变化。

人的大脑本身可以不断改变。过去人们曾认为，一旦过了一定的年龄，大脑就形成了固定的结构，但大量事实证明这是个错误的观点。当我们在脑海中想象某件事情时，某些神经通路就被激活了，这些被激活的神经通路被使用得越多，就越牢固。我们本质上是在大脑里刻画特定的纹路，当一种思考模式经常出现时，它的纹路也就越深。所以，你可以建立并强化你想要的思考模式。

心理准备对于好莱坞演员来说是必备的技能，它被称为“方法派演技”。著名的演员肖恩・潘（Sean Penn）、梅里尔・斯特里普（Meryl Streep）、罗伯特・德尼罗（Robert DeNiro）、马龙・白兰度 (Marlon Brando)、保罗・纽曼 (Paul Newman) 等，都是这个派别的实践者。

方法派演技对演员最大的帮助是，可以让他们呈现正确的肢体语言。如果非常刻意地去控制自己的肢体语言，就会让人筋疲力尽。即使是有经验的演员，也不可能做到。如果他们的情绪没有到位，是很容易被看出来的。

方法派演技则采用了另一套方法。它不是试图让人们控制自己的肢体语言，而是直接去改变我们肢体语言的源头——大脑。它让演员把自己想象成所要扮演的人物，对人物感同身受，这样肢体语言就可以很自然地流露出相应的情绪。

因为视觉化想象有强大的心理影响力，所以它也是最有效的魅力提升手段之一。正确的视觉化想象能有效帮助你提升自信并更有效地呈现出来。你的潜意识会让肢体语言表现出一连串自信信号。可以说，正确的视觉化想象几乎能让你呈现出任何肢体语言。

下面的练习是一个分步骤的视觉化想象练习，它可以帮助你随时调整自己的心理状态。本章，我们先介绍提升自信的视觉化想象练习。在后面的章节里，我们会依次介绍，如何用视觉化想象的方法来提升“亲和力”“同理心”以及“冷静”“从容”。

The Charisma Myth 练习时间

视觉化想象

接下来的视觉化想象技巧，有助于大幅度提升你想要传达的影响力。无论是坐在家里的沙发上还是在工作桌前，甚至是在乘坐电梯的时候，只要你有机会闭上眼睛，都可以进行训练。

- 闭上眼睛，放松。
- 回忆你获胜的经历，例如赢得竞赛或者得奖的那一天。
- 仔细聆听当时房间里的不同声音：赞许的声音，雷鸣般的掌声。
- 观察别人的笑容，以及亲善、钦佩的神情。
- 感受脚踩在地上的感觉，以及别人握手道贺时的感觉。
- 最后，去体会你经历这些过程时的感受，体会自信感油然而生的感受。

你是否感觉到更加自信了？一些人在第一次做视觉化想象时收效显著，一些人则完全做不到。不要着急，和其他技能一样，如果你不断练习，那么创造真实感强烈的视觉化想象就会越来越容易。

下次在进行视觉化想象练习时，尝试在大脑中创建更多细节。毕业于哈佛大学的视觉化想象专家斯蒂芬·克劳斯（Stephen Krauss）说，引导式图像必须精确、生动、细致才能有效。当参加奥运会的滑雪队使用视觉化想象训练时，会将自己的整个滑雪过程进行视觉化，他们会感到肌肉紧张，会体验到每一次碰撞和弯道。

有些人发现视觉化想象场景很容易，另一部分人则对声音更敏感。我们可以用下面的方法来替代视觉化想象：选择关键短语，并对此全神贯注。我的客户找到了各种各样有用的词语来帮助自己平静下来。这些词五花八门，有些可能会让你感到不舒服，有些也许会引起你的共鸣。比如：

◎ 一个星期后或者一年后，这个问题还重要吗？

◎ 这件事也会过去的。是的，终会过去的。

◎ 找一找现在就会发生的小奇迹。

◎ 超爱这种混乱。

◎ 相信宇宙之神肯定会让我搞定这样的事情！

像这类格言简直是恐慌时的救心丸，因为那会儿我们往往只能记起一些简单的短语。就像学习漂流的时候，我们会先学一个简单的口诀——“脚尖到鼻尖”，漂流船一旦翻转，这口诀就会提醒我们应该执行的动作顺序。即使再有经验的消防员有时也会回顾灭火口诀，以便在火灾发生时快速采取行动。

你可以在视觉化想象时加入真实感受。例如，在进行朗读或者默读时，你可以选择一些能让你感到有活力或自信的歌曲，电影主题曲是个非常好的选择。我的一位高管学员就很喜欢《洛奇 3》的《老虎之眼》（*Eye of the Tiger*）、范吉利斯（Vangelis）编曲的《火战车》（*Chariots of Fire*），以及电影《壮志凌云》的主题曲。我个人非常喜欢的音乐是，詹姆斯·牛顿·霍华德（James Newton Howard）执导的电影《彼得·潘》的插曲《飞翔》（*Flying*）。现在，戴上你的耳机，根据你想要到达的心境来选择音乐吧。

这些都熟了之后就加上动作，这可以让你的视觉化想象能力达到一个更高水平。因为生理状态会影响心理状态（是的，你的身体会影响你的大脑，这部分会在下一章具体讲解），所以你做出某些动作或姿势会让你的大脑产生某些特定的情绪。

试想一下，当你胜利的时候倾向于做什么姿势。比如打出一杆完美的高尔夫球或者当你收到特别好的消息时，你会挥舞你的拳头吗？或者，你可能会举起双臂，大叫一声“YES”。如果你为视觉化想象结束时添加特定的姿势或者单词（如果有的话），当你自信心飙升时，你所有的器官都会参与并锁定这种胜利的感觉，这就实现了练习效果最大化。

随着你的进步，你的视觉、听觉、触觉都在提升。如果你觉得某些图像、短句、动作或歌曲对你有帮助，你可以微调一下，看看会不会有影响。认真去体会，当你放大视觉细节、声音或感觉时发生了什么。无论是听到了鼓舞人心的声音，还是感受到了太阳的温暖，都可以继续做些改变。对我来说，视觉和听觉的组合效果最好，这些年它们对我的影响很大。

视觉化想象是一个相当神奇的方法，它帮助你提高信心，让心中充满温暖、平和，不再焦虑。通过视觉化想象，你可以产生任何你想要的情感，然后通过肢体语言表达出来。这值得我们花时间去开发一个随时都可以用到的视觉画面，这样，在有压力的时候就不需要再去想象一个新场景了，因为你已经知道了什么场景对你有用。

在发表演讲、出席重要会议前，或者任何让你感到焦虑却需要呈现人格魅力的时刻，以下 3 种视觉化想象的运用场景可以帮助你。

场景 1：在演讲之前　21 世纪一些著名的演讲者在走向聚光灯前，经常会运用不同版本的视觉化想象。事实上，几乎不可能找到一个不用视觉化想象的伟大演讲者。因此，当客户问我是否应该在重要讲话之前使用视觉化想象时，我通常会回答说：“如果你想把演讲做好，那就必须用它！”

即使我拥有 15 年的专业演讲经验，在演讲前，哪怕只是 30 秒的视觉化想象，都可以让我的现场呈现效果大不相同。它极大影响了我在讲台上的魅力。事实上，如果上台前我没有来得及进行视觉化想象，我就会非常后悔。即使演讲的内容我都可以倒背如流，但如果没有进行视觉化想象，我就很难进入恰当的魅力心境。

为了让视觉化想象发挥最大效果，每次演讲前我都会尽早赶到演讲现场。我在讲台上来回走动，熟悉并适应这个地方。我听着会让我感到舒服的音乐，然后在台上开始进行视觉化想象，开始尝试连接在特定场合中那种自信、胜利的感觉。我听着背景音乐，感受着这种振奋人心、充满能量的感觉。同时，我的内心不断创造出这样一幅画面，它描绘出我演讲中的每一个细节，我能看见观众的热情，听到大家积极的反馈，看到自己自信地在台上尽情地展现魅力。

在我走向聚光灯前的几分钟，我会待在一个空房间里（这对演员、政治家、演讲者和其他表演者来说非常常见，这个房间被称为演员休息室，就是用来调整心理状态的），再进行一遍我的视觉化想象，跟着我的个人音乐起舞（是的，我是认真的）。

场景 2：在重要会议之前　西尔维娅是一位让我印象非常深刻的年轻女经理，她充满了自信，任何事情对她来说都是小菜一碟。如果西尔维娅要去参加商业比稿，认识她的人都会说，西尔维娅一定会拿下那个单子。

西尔维娅透露，视觉化想象是她成功的秘密之一。在重要会议开始前，她会去想象："人们的脸上扬起笑容，因为他们喜欢我，相信我能给他们带来价值。我会尽可能想象各种细节，甚至能看到客户们微笑时眼角的鱼尾纹。"她会视觉化整个互动过程，从会议开始前的握手到会议结束赢得交易那一刻。

我甚至发现在写电子邮件之前，视觉化想象也是非常有帮助的方法。视觉化想象会帮助你呈现正确的肢体语言，让积极的能量在你身体中流淌，你可以使用它进入你想要的任何情绪或者心境，从而快速找到恰当的用词。

如果你的信息想要表达温暖、关爱和同理心，那么让自己进入那种状态就会更容易找到合适的词语，比如想象一个小孩子告诉你他在学校的烦恼，这会帮助你转换心情，想出合适的语言。

场景 3：任何你感觉焦虑的时刻 当你感到焦虑时，能让你调整情绪的一个最有效方法是，让催产素在你的身体里流动。催产素又叫信任神经肽，它会降低你对紧急情况的敏感度。

我最喜欢的神经科学资源库之一"智者大脑公告"（Wise Brain Bulletin）曾指出，一次 20 秒的拥抱足以让催产素进入血液、流淌到全身，因此仅仅通过想象拥抱的场景就可以达到这样的效果。所以下次当你感到焦虑的时候，就想象自己被在乎的人紧紧拥抱着。

我的客户曾多次对视觉化想象的效果感到吃惊。"视觉化想象拯救了我在麻省理工学院的生活。"一位刚刚毕业的学生对我说。这所拥有高成就的名校同样也以高自杀率而名声在外，尤其是在期末考试期间。[①] 现在每到期末考试的时候，麻省理工学院的健康中心就向学生们播放视觉化想象的 CD。

一位客户把视觉化想象的方法称为"现实版绝地控心术"。另一位客户告诉我，他本来只在运动和听音乐的时候用到视觉化想象，从来没有想过这还可以应用到商业和日常生活中，并且如此有效。他真后悔自己没有早点使用这个方法。

> 19 世纪的作家拿破仑·希尔（Napoleon Hill）经常利用视觉化想象，他将 9 个著名的人物想象成他的个人顾问，其中包括拉尔夫·沃尔多·爱默生、托马斯·爱迪生、查尔斯·达尔文和亚伯拉罕·林肯。他写道："每天晚上……我都会和这些被我称为'隐形顾问团'的人'开会'。我会和他们谈论每一个我遇到的棘手问题，每次结果都出奇的好。"

① 期末考试期间，麻省理工学院的自杀率比哈佛大学还要高 38%。

选择你自己的顾问团队，他们可以代表你不同的情绪。希尔选择的自信顾问是拿破仑·波拿巴（Napoleon Bonaparte，法兰西第一帝国皇帝）。为了增强魅力，你可以选择分别能够完全表现出自信、温暖、从容的人物。或者，你可能会找到能够体现所有这些元素的人物。只要有需要，就可以想象这些人物在给你加油打气。由于大脑的安慰剂反应，这种做法会对你产生一定的影响，即使这并非真实的感觉。

视觉化想象是一个非常强大的工具。在我们谈论所有增加魅力的方法中，它是最值得被大家记住和使用的。只是这一种方法，就会让你的魅力指数发生变化。

3 步迈向“亲和力”

亲和力是魅力行为的关键元素之一，它可以让其他人喜欢你、相信你，并且想要帮助你。但是，对很多人来说，亲和力并不是一个明显的、容易表达的感觉，因为它并不是天生的。刚开始上训练课时，我的许多客户都表示自己不太清楚“亲和力”应该是什么样的感觉。事实上，我经常听到新客户担心：“如果我本质上是一个无情之人，该怎么办？如果我无法表达出亲和力，该怎么办？”这里，我可以向大家保证，你一定不会是一个天生无情的人，我也相信你一定能够学会更好地表达亲和力。

做到有亲和力，对我们大部分人来说都很难。这可能有很多原因，比如家教、童年生活、当下环境、性格等。刚进入这个领域的时候，我还不能自然表达亲和力。为了体验亲和力，我不得不逐一使用本书中的每一个工具。接下来你会通过 3 步，由外及内地逐渐进入有亲和力的状态。

◎ 第一步，热情地拥抱生活中的每件事，尤其是你的生活。这属于广义上的感恩的范畴。对那些与别人沟通时感到不适的人来说，感恩有特别的优势，因为不用和别人连接就可以感恩，它给了我们有魅力所需的“亲和力”。

◎ 第二步，尝试给别人送去“温暖”。这是友善、无私、同情心和同理心的范畴。

◎ 最后，你将体验善待自己。对我们大多数人来说，这反而是最不自在的。这也是最近新兴的一门学科：自我同情。

这其中的任何一个方法都可以大大增加你的魅力，所以无论感到多不自在，尽可能同时使用。

第一步：感恩与欣赏

感恩的反面是什么？是怨恨、索取和绝望，这些都是没有魅力的行为。我们知道，没有什么比一种绝望的感觉更能摧毁人的，尤其是这个人正在面试或约会。感恩是应对这种负面情绪最好的解毒剂，因为它强调的是“你已经拥有的”，无论是物质的享有还是珍贵关系的体验。感恩可以把你带回当下，并立刻给你带来自信和温暖的感受。

现在，似乎大家都在谈论感恩。奥普拉就是“感恩态度”的拥护者。一份研究报告表明，感恩可以帮助你活得更长久、更健康，甚至更快乐。有科学研究表明，感恩的方式可以大大提升你的魅力。当你开始感恩的时候，你的肢体语言从头到脚会立刻产生变化：表情柔软了，整个身体放松了。你的肢体语言会变得更有“亲和力”，人们能够很明显地感觉你身上所环绕的那种自信，从而被吸引。

但是我们中很少有人能够真正进入感恩状态。事实上，感恩对大多数人来说，并不是很容易产生的情绪。人类本能上具有“享乐适应性”（hedonic adaptation），即我们倾向于认为祝福是理所当然的。如果不断提醒自己应该感恩，结果往往适得其反，甚至会产生羞愧的感觉。学员们抱怨有时候当他们听到被人说“你应当对此感恩”时，他们会感觉更糟糕：要么怨恨，要么羞愧，但不会产生感恩的心态。

一个能够唤起感恩之情的方法是去关注实际存在的小事儿。比如，在午餐会上，我会专注于一些小乐趣：洒进窗户的阳光、窗外的蓝天、服务员无差错的服务，甚至是桌上的一瓶番茄酱。

另一个唤起感恩的方法是，通过第三者的视角来观察自己的生活，然后用积极的态度写一篇关于你的记叙文。例如，上文提到的平面设计师玛丽。她写道：

> 真的，玛丽的生活很不错。她有稳定的收入来源。当许多人在做体力劳动或找不到工作时，她已经在办公室里得到了认可，许多同事都尊重她。她的朋友和家人非常喜欢和欣赏她。很多人真的关心在乎她。她是一个很好的朋友，时常主动帮助有需要的人。她今天做得特别好：完成了一个完整的报告，对同事的帮助表示感谢，甚至还去了健身房。

不必多么宏大，就像玛丽一样，生活里那些很小却意义非凡的事情都值得感恩。

这个方法需要你写下来，这样你才能够感受到效果。它会让你更真实地感受到积极的能量。如果你只是简单地想象他人观察你的生活，你体会不到其中的真实和分量感。无论你写在哪里，即便刚开始写的时候感到很奇怪，写完以后，都会有真实的感觉。

接下来开始尝试下面的练习。

感 恩

关注当下：下一次，当你对一些小事感到烦恼时，要提醒自己，一旦大脑专注于烦恼，就会影响肢体语言呈现的含义。为了解决这个问题，请遵循以下建议：

- 从头到脚观察你的身体，找出让你感恩的3种能力。你可能会感谢脚和脚趾，它们让你可以行走自如；你可能会感恩自己拥有阅读能力。那么，请立即尝试：

  1.______________________________

  2.______________________________

  3.______________________________

- 观察环境：环顾四周，找到3个让你感到愉快的景象，即使是很小的景象。可能你会看到天空，欣赏它的色彩。可能你会注意到桌子上的纹理，甚至你面前的纸张。那么，请立即尝试：

  1.______________________________

  2.______________________________

  3.______________________________

使用第三人称视角：这个方法只需要花你几分钟时间：坐下来，用一支笔和一些纸就可以完成。

- 像一个局外人一样开始描述你的生活，并专注于你能想到的所有积极的方面。
- 记录你的工作，包括你的工作类型以及和你一起工作的人。描述你的人际关系，以及朋友和家人对你的正面评价。记得要提到今天发生的一些好事和你已经完成的工作。
- 花时间写下这些内容。只是想象，效果不大。

想象自己的葬礼：最后一个是最激烈的增强感恩感的方法。听上去可能会有些极端，但不要小瞧它，它经常被用在领导力研讨会上。

你是否曾经有过瞬间如释重负的感觉，尤其在你找到了认为已经丢失或者被盗的重要物品时？每当弄丢钥匙又重新找回时，我都会有这样的感觉。这种本能的强烈的感恩感是相当有力量的，它比其他任何情景都有效。

你可以通过想象自己的葬礼来制造这种感恩感。在几秒钟之内，这种视觉化想象会激活你的情感，当你重新意识到自己还活着的时候，感恩之情油然而生。

这个练习的重点是帮助你找到展现“亲和力”的魅力方法，并且提供让你适应这些情感的机会。

想象葬礼是少数能够有效帮助你学会感恩生命的练习。它可能让人非常感动，带给你很好的洞察力和清晰深刻的价值观，也可能让你感到情绪激动。所以对于这个练习，请确保你处于一种舒适的环境。我建议你在家里做这个练习。给自己一些时间进行练习和体验，熟悉这个过程。与所有视觉化想象一样，这值得尽可能详尽地去想象，并把身体的5种感官都调动起来。如果您希望让我的声音指导您完成整个过程，您可在 http：//www.CharismaMyth.com/funeral 上找到相应的音频信息。

- 坐下或者躺下，闭上你的眼睛，开始进入想象情景。你的葬礼在哪里举行？那天是星期几，什么时间？天气怎么样？看向那座正在举行仪式的大楼。有人来了。他们是谁，他们穿什么？现在他们进入大楼，所以将视角转到大楼里。你看到鲜花了吗？如果看到了，闻闻鲜花散发出的浓重香气。看着人们走进大门，想象他们在想什么。他们坐在什么椅子上，这些椅子看起来怎么样？

- 你的葬礼开始了。想想你最关心的人或者你最在意的人，这些人对你来说最重要。他们在想什么？看着他们一个接一个地走近，念他们的悼词。他们在说什么？他们对于你有什么遗憾？现在想想：你希望他们说什么？你自己有什么遗憾吗？
- 看看一起去公墓拜访你墓地的人，他们聚集在坟墓周围。你想要他们在你的墓碑上写什么？
- 无论是什么年龄与性别，几乎每个人都会热泪盈眶。你可能会很感动，心里起了很多波澜。保持这些情绪并慢慢适应它们。

以上这些方法可以帮助你学会感恩。感恩是迈向“亲和力”的第一步，也是一个重要的技术。即使你的处境困难重重，感恩也能够帮助你恢复良好的心境。只是考虑一下感恩的可能性或找到感恩的小事情，就能通过肢体语言给你带来彻头彻尾的积极变化。另外，感恩还有一个好处，它可以增加你的安全感和信心，改善你的心理表现。

第二步：友善与同情心

你有没有碰到过一个人，他真心实意地为你着想？那种感觉怎么样？你可能会觉得很美好，很温暖。友善是最有效的产生“亲和力”的方法，也是创造人与人之间温情的方式。如果你真正关心他人是否过得好，就会更关注他们，这种表情会出现在你的脸上，人们因此能够感受到你的亲和力，而你的魅力指数也会极速提升。

友善是通向“亲和力”的第二步。在每天的互动中使用友善的行为，能够让你的肢体语言充满温暖、善良、关爱和同情，这些都是非常有魅力的品质。

我经常听到有人说比尔·克林顿拥有超高的魅力，因为“他让你感觉到，你是他的世界里唯一的人”。我知道每当我进入友善状态时，互动状态会瞬间改变，人们迅速熟络起来，好像更喜欢我了。

友善感能够提高身体内的催产素和血清素，这两者都会让人感觉良好。从另一个有趣的角度来看，它降低了我们要在社交中取得成功的渴望。如果我们的目标仅仅只是传播友善感，那么压力就不会那么大了，我们没有必要拼命把事情往某个方向推进。如果不是那么关注互动结果，大家就会感觉更加轻松，更容易产生有魅力的自信。

友善是一种希望他人幸福的纯粹的心态。你可以把它想象成一块心理肌肉，可以通过锻炼来增强它的力量。即使你的友善肌肉有些萎缩，你仍然可以使它们恢复。怀斯曼研究所（Wiseman Institute）最近的一份研究报告显示，功能性核磁共振显示，这些积极的状态可以习得，就像学习一种乐器或精通一项运动那样。扫描还显示，相应的脑回路通过培训产生了“巨大改变”。

如果你想对某人表达友善，这里有一个简单却非常有效的方法，那就是找出和这个人相关的 3 件让你欣赏的事。无论你是和谁交谈，找到 3 件事来表达欣赏或赞同就可以了，即使这些事情可能微不足道，比如“他的鞋子今天好漂亮”或者“他很准时”等。当你开始找这些积极元素的时候，你的心境就慢慢开始改变，肢体语言也随之变化。

下面是加强版的友善练习。对某些人会立刻产生效果，而一部分人会觉得无法适应。没有关系，放手去尝试一下，如果它们对你不起作用，我们还会有其他方法来帮助你。

首先，进行视觉化想象。这个方法是来自神经系统科学家普莱瓦西尼·布莱多（Privahini Bradoo）博士，她是一位非常有魅力的人，总是散发着暖意和幸福，我非常欣赏她。我很感谢她将自己的小秘密同我分享：**在任何互动中，她总是会把身**

边的每个人，特别是与她交流的人，想象成长着隐形天使翅膀的人。

这个方法能帮我们转换视角，哪怕我们只是很短暂地把对方看成是本性善良的人，也会软化我们对他们的情绪，从而改变肢体语言。所以请尝试一下：当你在走路、开车的时候，想象一下周围的人都带着天使的翅膀。你也可以去想象一下自己也拥有这样一双美丽的翅膀。想象你和一群天使在一起，尽心尽力地工作。我的很多客户（即使是最强硬的高管）告诉我，这个视觉化想象的练习带来的帮助非常大。我能够看到他们通过肢体语言呈现出了更多的亲和力和温度。

如果你对听觉上的指引更敏感，可以试着使用一些短句。比如，当你看着某人的时候，想想这样的语句："我喜欢你！我就是喜欢你这个样子。"你也可以记住这样的准则："尽可能去爱。"每天尽可能多地提醒自己不要忘记这些语句，并感受身体和心理的变化。

还有另外一个说法，人们也会觉得有效："在我面对的所有选择中，哪一个可以带给这个世界最多的爱。"

对一些人而言，这 3 个方法足以让他们体会到善意，从而提升魅力中的亲和力。对他们来说，只是简单地专注于祝福他人幸福就可以提升亲和力。不过，对有些人来说，这些方法可能还是不够用，因为他们想展示友好的对象脾气暴躁，或者他们对对方感到厌烦或愤怒，抑或他们感到与对方之间有距离感。

在这种情况下，可以在友善之外使用同理心和同情心。

◎ 友善意味着你希望某个人好，而没有必要知道他的感受。

◎ 同理心指你非常理解他们的感受，可能你也拥有过同样的经历。

◎ 同情心是友善加上同理心，你理解他们的感受并且希望他们好。

保罗·吉尔伯特（Paul Gilbert）是同情心领域的权威研究者，他这样描述同情心的形成过程：首先是同理心，你能够感受他人的感受，发现他们的悲伤；第二步是怜悯心，被他们的悲伤深深触动；第三步是同情心，产生出想要照顾这个人并希望他好的愿望。

值得欣慰的是，我们天生就容易产生同情心。它深深地印在我们的大脑中，甚至比认知能力更早，也更强烈。神经心理学家里克·汉森（Rick Hanson）认为，人类是地球上最具有同理心的物种。他说，即使你没有真实地感觉到，你也能够找到表达同情心的方式。

只要一心为他人，就能因势利导改变你的肢体语言。这样一来，别人也能感受到你是真的关心他们，而这正是魅力的核心元素之一。

正如你通过不断游泳来学会游泳，你也可以通过不断练习同情心来提升你的同情能力，即使在一开始的时候会觉得有些尴尬。尝试下面的练习，来增加你的同情能力。

The Charisma Myth 练习时间

同情心

友善感和同情心能够带给你亲和力，平衡你的力量，避免让你过于自信或傲慢。它们也可以成为一个秘密武器，用来扭转僵局。

请根据下面 3 个步骤，找你认识的人练习同情心。

1. 想象他们的过去。如果你出生在他们家，在他们家的教养方式中成长成人，你会怎么样？有句老话说，家家有本难念的经。如果你经历了他们所经历的，现在你很有可能就和他们一样吧。

2. 想象他们的现在。设身处地地站在他们的角度去思考。想象一下他们今天的感受是什么样的。把自己放在他们的位置上，透过他们的眼睛去看。想象一下他们当下的感受，即他们现在内心可能的状态。
3. 如果你现在需要表达同情心，那就看着他们自问：如果今天是他们生命的最后一天，会怎么样？你甚至可以去想象他们的葬礼。想象你正在他们的葬礼上，然后说一些关于他们的话。你也可以想象如果他们真的已经去世了，你会说什么话。

虽然可能会感到尴尬、不适或者伤感，但友善感和同情心的确是非常宝贵的商业技能，即使是在会计这样的无聊领域。比如，德勤会计师事务所的高管汤姆·斯基罗（Tom Schiro）说，当他在评估候选领导者的时候，同情心是他优先看重的品质，他把它视为魅力的核心元素。大型跨国集团德克斯户外用品公司（Deckers Outdoors）的董事长安杰尔·马丁内斯（Angel Martinez）说："同理心是魅力的重要元素，如果没有这个能力，我不知道你如何成为一个高效的领导者。"

以上这些内容，主要教你如何有效地向他人传递友善和同情。现在让我们看看与自己更相关的、更具挑战的一种同情心：自我同情。

第三步：自我同情

海伦是个非常聪明的女性。她说话有理有据、条理清晰，特别值得信赖。她也是一个非常好的听众，能够专注地倾听他人讲话。但是她觉得自己并不具有魅力，她说："我知道我是个挺有趣的人，一个好听众，一个好聊伴。但我不认为自己讨人喜欢，我肯定不是一个具有魅力的人。”

海伦有足够的自信，那么她缺少什么呢？亲和力。人们对她印象深刻的是她的博学，但却没有从她那里感觉到被关心。她无法散发出亲和力，无论是对他人还是对她自己。相反，她有时候会感到有些不合群。在我们第一次会面的时候，她非常真诚地表示：“人们为什么会喜欢我？我都没有发现自己值得被喜欢的地方。”你可以想象，这样的想法在她的脑海中不断回荡，从她的肢体语言中延展出来，自然削弱了她的亲和力。

对海伦来说，增加魅力的方法是先对自己好点。到目前为止，我们所描述的亲和力都是对他人的或者对生活的。但是亲和力也可以对内，也就是对我们自己，即所谓的自我同情。听上去或许有些别扭，但这确实可以改变我们的人生。

首先，让我们来区分这 3 个重要概念：

◎ **自信**是我们相信自己有能力去做或去学习如何做某事。

◎ **自尊**是我们对自己的认可度和自我价值评估。它通常是一个基于比较的评估：要么是对照其他人，要么按照自己内心的标准进行评估。

◎ **自我同情**是我们可以给自己的温暖，尤其是当我们经历困难的时候。

有的人可能非常自信，但自尊和自我同情程度却很低。与海伦一样，他们知道自己非常有才华，却不见得欣赏自己，尤其在失败的时候会对自己更严厉。

最近的行为科学研究表明，聚焦于自我同情比看重自尊更有利于健康。前者基于自我接受度，而后者基于自我评估和社会比较。自尊的变数很大，取决于我们如何看待我们和别人的差异。另外，它也很容易导致自恋。

在自我同情度上打分较高的人，面对困难时会展现更高的情绪复原力，比如接收到不满意的反馈时，他们往往很少产生负面情绪。自我同情度高的人通常更富有责任感，这有助于我们预测一个人的可靠度。他们身上也很少有“打死不认”的情况，这很容易理解：犯错后他们很少自我批评，因而更愿意去承认错误。

一听到自我同情，人们往往会把它理解成自我放纵或者自我可怜。然而，事实恰恰相反。行为科学研究表明，自我同情的程度越高，自卑的程度越低。你可以这样来看这两者的区别：自我同情是感觉到发生在你身上的事情是一种不幸，而自我可怜是认为发生在你身上的事情是一种不公平。因此，自我可怜导致的结果是愤怒和痛苦，感到孤立无助和不合群。相反，自我同情导向的是增强社会连接。

自我同情是当我们无助时选择原谅自己的方式，它阻止了内在的自我批评掌控局面，也避免了负面情绪都写在脸上，减损魅力。因此，自我同情是增加亲和力的关键方法。

有意思的是，自我同情也可以增加你的自信心。我的客户布莱恩是一个高绩效、高成就的银行高管，但他对自己极其严苛。我们刚开课的时候，布莱恩就提出：“你知道，内在自我批评是我的一个大问题。”他告诉我，他可以感觉到自己的“内在批评家”整天都在挑刺儿。

在练习了几次自我同情之后，布莱恩感觉到了不同。他告诉我：“这个方法对我立刻就发挥了作用。我长吁了一口气，感到放松，心胸变宽了。我更加专注，并且觉得自己更有气场了。”自我同情消除了影响肢体语言的自我批评声，它给了你更舒展、更自信的姿势。对布莱恩来说，自我同情反而更容易让他找到领导者的自信感。

自我同情有一系列的好处：减少焦虑、抑郁和自我批评；改善人际关系，增强社会关系和对生活的满足感；增加处理负面事件的能力；甚至改善免疫系统功能。

听起来不错，是吗？但是，学校并不教授自我同情。事实上，在当今文化中，这听起来是有些放纵和无理，也很罕见。许多人甚至并不清楚怎么开始自我同情。

所以，我们先充分认识一下自我同情。自我同情领域的早期研究者克里斯汀·内夫（Kristin Neff）将其定义为 3 个阶段：

1. 意识到我们正在经历困难。
2. 当我们经历困难或者信心不足的时候，我们对自己做出友善、理解的回应，而不去对自己进行严格的自我批评。
3. 意识到无论我们在经历什么，都是所有人会经历的，记住每个人都会有困难时期。

当我们的生活出现问题时，很容易觉得别人过得更轻松。但不妨换个思路：过去或者在不久的将来，别人也会经历你所经历的事情，所以把它当成人生经历的一部分，这样能避免产生孤立、不合群的感受。

当在内心不断批判自己的错误的时候，我们会觉得其他人要比我们做得好。这时，我们往往会陷进一个可怕的思维方式，即认为自己是个糟糕透顶的人。相对于外部环境引发的失败，我们对自身原因导致的失败更容易产生自我批评的情绪，而这正是自我同情发挥作用的关键时刻。

那么一个人应该如何培养自我同情的意识呢？幸好，爱自己的想法原本就是人类情感构成中的重要部分。《不与自己对抗，你就会更强大》作者克里斯托弗·吉莫（Christopher Germer）认为："自我同情并不是与生俱来的，而是一种可以训练的正念技能，我们每个人都可以通过不断训练来加强这种技能。"吉莫建议从现在就开始练习：找到你关心自己的方式，每当感到消极的时候，就提醒自己开始这么做。

The Charisma Myth 练习时间

自我同情

花几分钟的时间，做一下这个简单的练习。当你心里不舒服的时候，你是怎么关爱自己的？请列举出 5 个关爱自己的方式：

1.__________

2.__________

3.__________

4.__________

5.__________

用星号标记出你感到特别有效的方法。是的，现在你已经列出了自我同情的清单。

现在请准备好进行更高强度的自我同情的练习。

慈悲是佛家流传上千年的文化精髓，是一种可以被称为“慈爱”的自我同情练习。简单来说，慈悲是对众生持友善意图的意识训练。当神经科学家对从事与慈悲相关职业的人的大脑进行检查和测试时，发现与其他人有明显的差异。他们不仅发出更深的脑波，而且在压力中恢复得更快，并且大脑的“快乐地区”，即大脑皮层左额叶更发达。

慈悲是最强大的工具，只要用它就可以抵御你内心的自我攻击，因为它具有众多优势，所以能大幅提升魅力指数。然而，这对我们大多数人来说，却是一个非常反常规的做法。坦率地说，当我开始做这个练习的时候，不仅不舒服，而且感觉很尴尬。就算是这样，还是值得去尝试这个训练。

慈 悲

下面的视觉化想象训练将引导你一步步完成一次定制的慈悲练习。它是按照人类的两种天性进行设计的：关注图像和尊重权威。通过这个练习，你会注意到，不断重复会产生某种特定的节奏，这就是我们的目标，现在我们开始练习。

- 舒服地坐好，闭上你的眼睛。深呼吸 2 ～ 3 次。吸气的时候，想象自己将新鲜的空气聚集到头顶；呼气的时候，空气从头顶流到脚趾，清除所有的顾虑。
- 想象一下过去曾做过的好事，无论大小。它可以是一件善事，也可以是真诚、慷慨或勇气之举。然后暂时专注在那个回忆中。
- 现在想象一个能够对你产生影响的对象，现在的或者过去的，神话中的或者现实中的，比如耶稣、佛祖、特蕾莎修女等。他可以是一个人、一个宠物，甚至可以是一个毛绒玩具。
- 把他们的形象放在脑海中，感受他们的温暖、友善和同情。看着他们的眼睛和脸，让这种温暖包围着你、笼罩着你。
- 从他们温暖、友善、同情的眼中看自己。无论你内心批判了自己什么，感受他们彻底的谅解。现在，你完全被原谅了，又崭新如初。
- 感受他们对你全身心的接纳。他们接受你本来的样子，无论它是否完美。

  你是完美的。在这个发展阶段，你很完美。

  在这个成长阶段，你很完美。

  在这个完美的阶段，你以自己全然的样貌达到了完美。

- 你有缺点，但你是完美的。
- 在成长的这一阶段，你是完美的。
- 在这个发展阶段，现在的你已经得到了全部的认可。

经过慈悲练习后，我的客户经常说他们会感到身体上的放松，尤其是在得到原谅的那段想象之后，肩膀会轻松很多。在自我认可的过程中，会有一股暖流从心中涌起。有些人形容这是一种“细腻的疼痛”，或是“非常温柔”的感觉。无论你经历了什么，如果你感到此刻有什么不一样，这意味着它起作用了。

即使你没有感觉到这个练习发挥作用，慈悲练习仍值得一试，因为它带来很多附加值。即使在练习的过程中感到尴尬，但在接下来一整天的时间里，你会更专注，和别人沟通起来更容易，更加享受这一天的美好时光。正如吉莫所说：“一瞬间的自我同情能够改变你的一天，一连串这样的时刻可以改变你的人生。”

任何时候你都可以用视觉化想象的方式进行慈悲练习，从而抵御自我批判的攻击。吉莫指出，你可以把自我同情当作防止自我伤害的保护者，就像你会用同样的方式去保护你所爱的人避免被威胁一样。

在对高度自我批判的人进行视觉化想象实验后，研究人员指出：“抑郁、焦虑、自我批判、羞耻和自卑显著减少，同时研究对象感受到温暖、自信心显著增加。”

如果慈悲视觉化想象练习对你没有效果，请尝试在家里或办公室放置你所爱之人的照片。这些照片可以是你的朋友或家人，也可以是你喜爱的公众人物，比如纳尔逊·曼德拉（Nelson Mandela），或者任何与你的信仰有共鸣、能给你内心带来温暖的人或物，比如宠物或毛绒玩具。

为了滋养内在的亲和力，我设计了一个由照片组成的“慈悲圈”，每天早晨在那里练习。为了保持自己的最佳精神状态，我也会随身携带一本挚爱的小书。每次看到它时，我就会感到心里的柔软和温暖，这是无价的。这样的做法可以很快提升我的魅力，把我从一个焦虑的状态带入平静、自信、温暖的状态中。

我的一个客户有一本自制的“爱之书”，这里面记录了别人曾对她说过的友善、赞美或者爱意浓浓的话。她甚至搜集了很多过去的杂志，重拾宝贵的温暖。她说，每次读到这些内容都会感到温暖、有安全感以及被珍视。她觉得自己脑袋里好像有一支啦啦队在支持她，为她喝彩。

用身体影响你的情绪

到目前为止，我们一直在探讨心理是如何影响生理的，即在很多方面，心理和情绪影响了我们的姿势、肢体语言以及面部表情。但是，你知道这个过程也会反过来吗？情绪和肢体语言之间的联系如此紧密，所以某些姿势或面部表情会在你的心里产生相应的感觉。正如视觉化想象练习，特定的图像将创建相应的情绪和肢体语言。同样，你也可以通过相应的肢体语言来逆向产生很多情绪。

哈佛大学和哥伦比亚大学的心理学研究人员发现，如果一个人用浑厚、坚定的语气说话，做出有力的手势，就会在心里产生反应，感觉到自己真的更自信、更拥有力量。相反，那些采用犹豫不决、顺从的行为方式的人则会产生相反的化学反应。

展示自信的肢体语言实际上会让你感到更自信，这些感觉将反过来影响你的肢体语言，彼此相互作用，最终发出你感到更加自信的信号。这样一来，你的情绪会被进一步强化，同时自动循环。你要做的，就是让它继续进行下去。

The Charisma Myth 练习时间

用身体改造大脑

尝试以下姿势，看看身体会怎样影响你的思想和情绪。

- 首先，表现出一个沮丧的人的肢体语言。让你的肩膀塌下来，垂着头，脸上的表情垮下来。现在，在不调用肌肉的情况下，去寻找真实的兴奋的感觉。试一下，在原有的肢体动作下是否能找到兴奋的感觉。事实上这几乎是不可能做到的。
- 现在反过来，让身体兴奋起来。像中了彩票一样兴奋地跳起来，开怀大笑、挥舞手臂，在做这些动作的时候去体验沮丧感。同样的，这也几乎是不可能的。

下面还有一些练习可以用来感受身体的变化：

- 为了表现得自信、果断、庄重，想象一下自己是一名军官：昂首挺胸，肩膀舒展，挺拔站立，把手自信地背在身后。从内心感觉一下这个动作带来的感受。
- 为了激发能量和亲和力，站起来，尽可能地高举双手，尽可能多地吸气（想象你的胸腔膨胀了一倍），尽可能地大笑并向上看，这样保持一秒钟，然后全身放松。

无论是在重要的会议前，还是在社交聚会中，你都可以使用这些灵便的工具改变自己的心境。

当我向一位好友解释这种技术时，她大声说：“我知道你什么意思！有一段在马德里的经历一直影响着我，我把它称为‘猪小姐’时刻。”当《大青蛙布偶秀》（*The Muppet Show*）中的猪小姐即将登台的时候，她会停一秒钟，看看镜子中的自己，然后说：“我好漂亮！”接着，她双肩打开，昂首挺胸地走上台。我的朋友是这样告诉我她的故事的：

当我走在马德里的格兰维娅大道上时，我感到疲倦、饥饿、孤独，而且身上还穿着过时的衣服，别人一眼就能看出我是个丑陋的美国人。我当时状态肯定不好，可能怎么办呢？我决定把自己想象成一个隐瞒身份的电影明星。我立马站得更加挺拔，打开了双肩，抬起头，做出皇室成员的姿态。刚才还觉得自己老气，转眼就感觉自己是一个时尚界的弄潮儿了。我注意到当我走在街上时，路人都在转头看我。当我向一个人问路时，他说他很荣幸为我指路。这太神奇了。前后一秒，我从一个邋遢的丑陋异乡人变成了一个电影明星。这令我难忘，也给了我很大的启发。

当我说到通过展现自信的肢体语言就会被视为有影响力的人时，我的客户对此表示怀疑，他们认为信心是与生俱来的或者在年轻时习得的，他们总担心，如果只是改变肢体语言，得到的自信是“假”的。

事实上，只要改变你的肢体语言，你真的可以获得真正的自信。确实，刚开始你可能会觉得不太习惯或者感到尴尬，这有点像骑自行车却没有辅助轮。但是，如果你使用这个技术，它就会奏效。如果你坚持下去，你就会慢慢适应，并且使它成为你的第二天性。

为关键时刻热身

想象一下，你正为跑马拉松进行训练。到目前为止，你已经完成了几场赛事，身体处于最佳状态。你已经准备好了。马拉松赛当天，当你到现场的时候，你会做些什么？你会在那里站着等发令枪响，然后以最快的速度冲刺吗？当然不行。你可能会仔细小心地做热身运动。

对于魅力，你也可以做类似的准备。制订一个能够帮助你快速达到状态的热身计划。当你想要确保自己呈现出最佳魅力的时候，不要指望自己一下子就做到最好。如果想单纯依靠意志就把自己带到最佳状态，这是不可能的。我们必须意识到，意志力也是有限的。

行为科学研究人员发现，意志力有点像肌肉，它也会感到疲劳，其程度取决于我们使用了多少。如果我们利用意志力来抵抗诱惑或忍受烦恼，当我们在下一件事情上需要使用它的时候，它的力量就薄弱了很多。事实上，运用意志力也会使我们身体疲劳。意志力是一种有限的资源，所以要有策略地运用。

还记得罗伯特吗，那个思维敏捷却没有耐心的高管？他告诉我，他总是对他人没有耐心，并对自己这种行为感到生气。他注意到，在开会或者交流时，他大部分时间都在和自己内心的不耐烦争斗，在后面的几个小时里，他的表现就会很糟糕。如果这样的情景发生在早上，显然会影响他一整天的魅力。

我向罗伯特解释说，每次使用自己的意志力，都是在消耗意志力的储备量。他应该停止对自己的斥责，取而代之的是恰当分配他的意志力。我请他仔细思考，在每天的互动中哪些是值得使用意志力的。对于那些不值得使用意志力的地方，我建议罗伯特，要么把这件事交给初级员工做，要么和另外一个同事交换一下任务，去做不会消耗他意志力的事情。

下面这个例子可以向你展示这些热身练习如何展开。

假设你正准备参加一个对你的职业生涯影响很大的晚宴，所以你非常想完美地展示出自己的魅力。为了尽可能地让每次魅力展现的机会都起作用，你知道自己需要进入一个有亲和力、有影响力的心境。如果在晚宴上，你想要散发出绝对的自信，请确保这一整天，尤其是晚宴开始前的几小时，不要有任何的会议或者让你感到自己很糟糕的互动。别直接在晚宴上亮相，做做热身，激发一下自己的自信，比如和一个认可你的人一起喝杯咖啡，或者做一件让自己感到有能力或有成就的活动，运动、演奏乐器等都可以。如果在晚宴之前有鸡尾酒会，那就和那些让你感觉良好的人互动，不要和那些批评、取笑你或者和你开玩笑的人在一起。是的，开玩笑可能是很愉快的事情，但是请把它留到深夜、魅力不是那么重要的时刻上。

这就像运动员在一场大型比赛日的早晨时刻要保持精神集中一样，当你需要最佳魅力状态的时候，要高度警惕进入你大脑的想法。即使你听的音乐也会影响你的情绪和心理状态。你知道听悲伤的歌曲可以让你感到难过吗？请注意，进入您大脑中的一切都会影响你的内在状态。

根据歌曲的节奏和歌词，我为我的关键时刻创建了很多歌单。我很谨慎地选择歌曲，它们应该是和我想达到的情绪相符合的。我有一系列歌单，都是针对建立自信、亲和力、同理心以及耐心的。我发现它们真的能起作用。这些歌单同时也被细分到“演讲前”“早晨醒来”，甚至是“家庭聚会前”（是的，我是认真的）。

我的一位客户在第一次使用热身方法后，激动地写道：

> 我只是试了一下，但真的有用！在人群中，我总是感到不舒服，然后不停地去想那种经历有多么不愉快。在这次聚会之前，我先安排和一位老友共进晚餐，并一起散步。当参加聚会的时候，我感觉好多了。我见到一位许久未见的朋友，然后把他拉到一边很快地聊起来。因为我知道，这么做会让我感觉很舒服。接下来，一切问题迎刃而解。一些朋友说我看上去非常放松，并对我留下了深刻的印象，他们觉得我也一定非常享受。是的，我的确很享受！

我的另外一个客户经常举办派对，他告诉我，他经常在公寓里播放他常用在派对上的音乐。“这样做可以帮助我提升我的能量，并且把我快速带进主持人的状态。有时候，在面试前，我也会这么做。”

下次当你有一个重要会议的时候，尝试一下下面的热身练习。尤其在你需要施展魅力时，这些方法特别有效。

The Charisma Myth 练习时间

热身

当你为接下来的重要事情做热身时，按照下面的方法来准备好你的心境，以发挥你的极致魅力。

- 仔细检查一下行程，看看活动前几小时内的安排。想想这些活动或会议对你有什么影响。
- 如果可以，尽量避免麻烦的事情，关注能为你带来自信和亲和力的活动。
- 为自己的心境创建私人歌单。一个歌单可以是针对能量和自信心的，一个歌单是让你感到温暖、充满同理心的，另外一个是让你感到平静和安详的。这是非常有意思的训练，你也可以增加一些你喜欢的歌曲。

这个方法也可以替代前面视觉化想象练习，尤其适用于对视觉化想象感到不适的人。同时，它也可以运用到视觉化想象练习中。此外，如果你想让你的魅力指数达到峰值，也可以通过做一个视觉化热身来实现。

假设现在你要和一个让你感到害怕的人讨论一件很麻烦的事情。在会议开始之前，请先热身一下。先在脑海中慢慢视觉化展开这个场景，然后请一个让你感到舒服的朋友和你进行角色扮演。请采用一个强势的充满自信的姿势。想象你是一个四星上将，正在检验队伍。双腿分开站立，挺起胸膛，打开肩膀，笔直地站着，自信地把手背到身后。然后用浑厚的声音和有力量的手势开始讨论。

如果你有一系列的会议、电话或面试，无论它们是在一天还是一周内，你都可以把事情按最不重要到最重要的顺序来安排，这样你就有时间在推进这些事情的同时，练习和不断提升技能和自信心。不妨想象自己是一名运动员，正要去参加资格赛或热身赛。

这个方法你也可以应用在同一个主题的写作或者邮件上。先写最不重要的，最后完成最重要的邮件。当你写了 4 ～ 5 封邮件后，就会越来越流畅，因为你的思维得到了锻炼。

现在你已经学会了通过调整心理状态来增加魅力的方法。那么，你如何将这些积极的变化保持下去呢？接下来，我们将说一下保持魅力的方法。如果你的身体达到了一个新的健康标准，你想要保持它，就会选择继续坚持健康的运动方法和饮食方式，而不是再也不去健身房或者无节制地用餐。魅力的保持也是这样：想要保持魅力，就要有规律地不断练习前面章节中学到的工具。

The **魅力聚焦**
Charisma Myth

◎ 创造最佳心境是充分释放魅力的关键。

◎ 视觉化想象可以帮助你创造适合的心境，从而呈现有魅力的肢体语言。为了使视觉化想象的效果最大化，你可以将 5 种感觉生动地融入想象之中。

◎ 你可以通过感恩、友善和同情心来增加亲和力和自信心，不仅是对别人，也是对你自己。

◎ 像专业运动员和演员所做的那样设计好热身训练，为呈现极致魅力做准备。尤其在重要的活动前，规避那些会影响你心境的事情，安排一些能增强信心的活动。

◎ 你的生理会影响你的心理。在大脑中进行视觉化想象时，练习正确的姿势和面部表情，从而获得你想要的心境。

PART 2

魅力的风格与技巧

The Charisma Myth

How Anyone Can Master the Art and Science of Personal Magnetism

06

最有效的 4 种魅力风格

The Charisma Myth

How Anyone Can Master the Art and Science of Personal Magnetism

正如存在不同的领导力风格和个性风格，魅力风格也有不同的种类。麦当娜和教皇都能够吸引关注度，被视为有魅力的人，但他们的风格不同。

通过这一章，我们将看到 4 种截然不同的魅力：焦点、愿景、友善和权威。我们会学到如何审视每一种魅力，如何发展它以及何时使用它。

当然，还有其他类型的魅力我们也可以考虑，但这 4 种是日常生活中最实用的、最容易接触的，因此也是最值得学习的。

焦点魅力：专注当下和信心

贝宝联合创始人、特斯拉首席执行官埃隆·马斯克是一个具有焦点魅力的人。正如他自己所说的，他是个非常内向的人。在特斯拉的开放式办公空间里，他那张几乎空无一物的办公桌位于房间最右边的角落，两个巨大的显示器将他与其余的办公空间隔开。

然而，当他从屏幕后走出来时，他会表现得完全专注当下。你能感觉到他超强的注意力，他认真地倾听你所说的一切。他不需要说一句话就可以让你了解，他理解你所说的：他的肢体语言就能让你感觉到，他完完全全在倾听，并充分地理解你说的每一个字。你也可以在第 8 章学到这种秘诀。

焦点魅力主要基于专注当下。它给人的感觉是，你完完全全与对方同在，倾听他们，理解他们所说的。不要低估这种魅力，它出奇地强大。

焦点魅力可以被高效地用于商业活动。一位曾与比尔 · 盖茨关系密切的高管告诉我：

> 大部分人都把具有魅力的人想象成那些高大、极具个性、能够控场的人。尽管比尔 · 盖茨外表谦逊，身材略显单薄，可能看起来还有点像个书呆子，但是他确实能够控制房间的气氛。当他一出现，你能很快感觉到他的存在。如果你对有魅力的人的定义是，当走进一个房间，所有的目光都汇聚在这个人身上，那么比尔当之无愧。魅力的另一个定义是，能够让人们注意你，并渴望倾听你说的每一句话，从这个角度讲，比尔也是如此。

杰克·基勒（Jack Keeler），IBM 的前董事长，是众所周知的非常有魅力的人物，他具有焦点魅力的另一个关键元素：懂得尊重别人。魅力的基础之一是让他人自我感觉良好。基勒很擅长让对方感觉他们的意见很重要，对方这个人也非常重要。基勒坚信，即使是基层员工也有值得学习的地方。与他共事的一位高管告诉我：“在与制造商和工程师工作时，他非常尊重他们。同样地，他们也非常尊重基勒，当他走进房间时，大家会精神一振。”

人们会观察什么：我们完全通过一个人的行为举止来评估他的焦点魅力。专注当下是其中的关键元素，因为人们可以察觉到对方是否分心了，这些信号会杀伤焦点魅力。

如何培养焦点魅力：焦点魅力自然需要专注当下。在这个过程中，良好的聆听技巧是必不可少的，这也是耐心的一种体现。为了开发焦点魅力，培养你专注当下的能力，你可以使用第 2 章中有关专注当下的技巧（感受你的脚趾）。你还需要调整魅力心境、应对内心不适的技巧，比如责任转移，这些技能都值得你不断深入学习。

一旦你拥有了它：焦点魅力也许是最容易表现的魅力类型，它有意想不到的效果。但如果没有掌握好，也会产生两个风险。第一，如果力道不够，就会显得过于急切，给人地位低下或卑躬屈膝的感觉。你将在第 9 章学习如何应对这个问题。第二，如果呈现出的亲和力太少，就会导致气氛非常紧张。如果你此时是聚焦点，交流可能会让人觉得更像是面试，或者更糟的是对方感觉正被问讯。这时候你需要通过亲和力和接受度，或者说是真正的尊重感来平衡焦点，在下面的两个章节，我将会告诉你如何做到这个平衡。虽然焦点魅力主要基于专注当下，它仍然需要一点自信和亲和力，你不能完全丢弃它们。

何时使用它：焦点魅力在任何商务场景下都可以使用。尤其是当你需要和人开始交流、分享信息时，它会非常管用。事实上，焦点魅力对管理顾问或者其他领域的专业人士，比如律师、会计师和理财顾问来说，都非常重要。焦点魅力有助于解决各种困境，比如谈判或化解僵局。另一方面，当你需要显示权威或需要立即处理紧急情况时，请避免使用焦点魅力。

愿景魅力：信念和信心

愿景魅力可以让人感到无比振奋，它给我们带来信念。即使它不一定会让别人喜欢你，但仍可以产生非常好的效果。苹果公司的员工大多敬畏史蒂夫·乔布斯，乔布斯在公司内外都有很多反对者，但即使这样，这些反对者依然认可他的梦想和魅力。一个听过乔布斯演讲的人告诉我："他的演讲充满信念、饱有激情，他让我们的神经都在尖叫：'是的，我感受到了，我会追随你！'"

为什么愿景魅力这么有效和强大？这是因为我们天生对不确定性感到不适。在一个不断变化的世界，我们渴望依靠一些稳定坚实的事物。在小布什第一次参与总统大选期间，对他的支持者的民意调查显示，小布什的吸引力在于“他的信念以及对信念的坚定态度”。

传递愿景需要有向别人展示坚定的信念以及信心的能力。因此，愿景魅力是建立在影响力之上的。不过，它也需要有亲和力。有愿景魅力的人本身不一定有亲和力，但是他们能坚定自己的信念。要想真正有魅力，他们的愿景必须崇高和利他。

一位记者形容史蒂夫·乔布斯是“被像救世主般的激情所驱使……乔布斯卖的不是电脑，而是对更美好世界的承诺”。有愿景魅力的人常常会承诺救赎，比如圣女贞德和马丁·路德·金。拥有愿景魅力的人更多的是向他人销售梦想，而不是销售自己。

人们会观察什么：我们主要通过一个人的行为举止来评估愿景魅力，包括肢体语言和行为。由于人们倾向于接受你展现出的一切，所以如果你看起来热情激昂，人们会认为你一定拥有让人振奋的东西。愿景魅力对外表的要求最低，即使你穿破布麻衣，仍然可以成功地传达富有远见的愿景。

如何培养愿景魅力：开发愿景魅力意味着你要知道如何设计出一个大胆的愿景，并知道如何有魅力地传递出去（详见第 11 章）。

传递愿景魅力的关键之一是，让自己进入一个对某事完全确信、没有任何怀疑的状态。你可以运用在第 3 章和第 4 章学到的技能，比如认知重评、强化信念或责任转移等技巧，来摆脱不确定性的影响。

一旦你拥有了它：愿景魅力可以激发狂热的信仰，并引发巨大的变化。不过，它也可以激发盲目的信念，导致人们做出灾难性决策（如邪教首领吉姆·琼斯说服 900 多人集体自杀）。

何时使用它：当你需要激励其他人时，愿景魅力非常重要。尤其当你想要激发人们的创造力时，它相当管用。

友善魅力：亲和力和信心

当你还是婴儿时，不管你做什么，你的父母都会认为你是完美的。但几个月后，他们的认可变得有条件了。你现在不得不通过吃胡萝卜以及朝奶奶微笑来获得认可。你很少会从别人那里再次感受到绝对的无条件认可，也许刚刚坠入爱河的时候是可以的。

友善魅力主要基于亲和力。它连接着人们的心灵，使对方感到被欢迎、被珍惜、被拥抱以及最重要的被完全接纳。

人们会观察什么：与愿景魅力和焦点魅力一样，友善魅力的呈现完全来自你的肢体语言，尤其是你的面部表情，更重要的是眼神。

如何培养友善魅力：友善魅力需要意愿、耐心、实践以及合适的工具。让我们从心态开始：练习从第 5 章学到的有助于内心温暖的技巧，如感恩、慈悲和自我同情。在第 9 章你将学习如何通过面部表情、肢体语言和行为举止散发亲和力，以及如何正确地进行目光接触。

因为友善魅力极度依赖于亲和力，所以避免任何有紧张、批判或冷漠含义的肢体语言至关重要。在第 4 章我们讨论过如何调整心理上或身体上的不适，这里正是它能发挥作用的地方。

一旦你拥有了它：尽管友善魅力主要基于亲和力，但没有影响力会显得你在急于讨好别人。所以，在呈现亲和力时再表现一点影响力就显得更加重要了。

在第 5 章学到的工具，包括视觉化想象、热身以及用生理影响心理，都可以帮助你获得正确的心境。后面的章节将帮助你学会平衡肢体语言中的亲和力和影响力。

友善魅力是有代价的。我的一个好朋友走到哪儿都散发着这种友善魅力，人们都被她迷住了。从办公室的同事到超市的收银员，人们在她那里感受到了被接纳和被关怀。这或许很棒，但这也可能成为她的负担。当这些人感到心碎、受伤或充满怨恨时，如果她没有时间去帮他们分担，便会感到非常痛苦和内疚。这是友善魅力的一个缺点：它能导致奉承以及潜在的过度依恋。你会从第 13 章中学习如何规避友善魅力的缺点，享受有魅力的生活。

何时使用它：在你想创建情感纽带或让人们感到安全和舒适的时候，友善魅力都是最完美的媒介。在某些情况下，它很关键，例如当你要传达坏消息时（见第 12 章）。与难相处的人打交道时，它也可以变成非常有效的工具（第 12 章也会提及）。然而，与焦点魅力一样，当你需要展现权威，或者别人因为感觉舒适而分享太多从而产生风险时，你可能就会想避开它了（第 13 章将帮助你学会规避）。

权威魅力：影响力和信心

这种魅力可以说是最强大的。数千年来，我们会本能地屈从于权威。当然，这个权威可能是正义的，也可能是邪恶的。人类对于权威的反应根深蒂固，它与我们的大脑紧密相连。

那些拥有超级权威魅力的人不一定都可爱。迈克尔·乔丹在芝加哥公牛队时正值职业生涯的鼎盛时期，他告诉记者，相比于人们的爱戴，他更希望成为一名领导者。记者写道："他有时让队友愤愤不平，甚至火冒三丈。但他会用他的人格魅力来提高全队的水平。"

人们会观察什么：权威魅力主要基于对影响力的感知，即坚信这个人有能力影响我们的世界。我们通过 4 个指标来评估权威魅力：肢体语言、外表、头衔以及他人的反应。

首先我们会评估肢体语言。它是否展现出了这个人有自信可以去影响别人或影响他们周围的世界?

其次，我们评估外表。从生理角度来说，我们会关注一个人的身份并对此留下深刻的印象，这是我们的生存本能反应。身份地位高的人有能力去帮助我们或者伤害我们。为了生存，我们需要知道自己的位置。所以我们会习惯于找到线索，来判断别人的身份。

穿着是我们评估身份的第一个也是最强势的线索，我们会由此判断这个人的潜在能力、权威魅力等。我们会寻找专家的标识（医生的白大褂）或高权威的信号（军服或警服）。我们会特别注意社会地位高或成功的标识，比如昂贵的服装。一项在纽约进行的试验中，相较于穿着随便的人，人们更倾向于跟随身穿昂贵西服的人。

在另一项试验中，研究者在商场里分别穿着有品牌标识和无标识的运动衫，假装去做调查。有 52% 的人同意接受穿着有品牌标识的调查人员的访问，而衣着没有标识的调查员的接受度只有 13%。昂贵的商标也会影响人们做慈善的冲动。穿着带有明显品牌标识的衬衫的研究助理收到的捐款数额，比身着没有标识的衬衫的研究助理收集的捐款数额高出一倍。

最后，一个人的头衔和别人对他的反应也会给我们更多判断权威的线索，不过这两个因素比前两个分量轻。我们本能地认为，一个有高头衔但不受尊重的人会比一个低头衔但受人尊敬的人影响力更小。

虽然所有这些评估可以在不到一秒钟就发生，但顺序却很重要。如果信号之间存在冲突，我们会按照上文所述的顺序去考量。就像我们常说的，肢体语言胜过其他魅力信号。即使所有其他信号都存在，令人感到不安的肢体语言也会削弱产生权威魅力的可能性。相反，如果你的肢体语言够强大，只有肢体语言也可以让你获得一定的权威魅力。

如何培养权威魅力：如果你想获得权威魅力，那你的主要目标就是，通过显示地位和自信来体现你的影响力。而衡量地位和自信最重要的两个方面，恰巧也是你施加最大影响力的两个方面：肢体语言和外表。

权威魅力深受肢体语言的影响，是否具有权威魅力取决于你当下的自信程度。这时，第 5 章学到的工具就派上了用场：你可以运用视觉化想象、热身或把姿势调整到自信的心境。

要想在肢体语言中显示出影响力与自信，你需要学习怎样用姿势来“占据空间”，减少非语言的认同（比如过多的点头），避免坐立不安。你可能需要少发言并说得更慢一些，知道什么时候停顿，知道怎样调节你的语调。我们将在第 9 章详细介绍怎样通过肢体语言表现力量。

就外表来说，选择看起来昂贵或地位高的衣服，是令你看起来拥有权威魅力的最简单办法之一。

一旦你拥有了它：人们就会注意听你的话，遵守你的规则，这是它的优点。然而，它也有几处缺点：

◎ 阻碍他人的辩证思考。
◎ 不鼓励反馈，所以你可能接收不到所需信息。
◎ 很容易让你看起来傲慢自大。

此时，学习怎样传递亲和力可以拯救你。你的亲和力不仅可以减少你被认为傲慢或吓人的风险，而且因为你的地位高人一等，这份亲和力就会更加可贵。如果一个地位低的人想要取悦我们，我们可能会觉得很愉快，但是不一定会对这种殷勤予以重视。毕竟，他们不可能对我们有很大用处，相反是我们得为他们做很多事。但如果一位地位高的人给予我们关注和温暖，我们会很兴奋，因为他们力能移山。

什么时候使用：权威魅力在很多商务场合以及其他场合都很实用，如果你想让人们听你的，也可以使用。在危机中，权威魅力尤其有效（详见第 12 章），一如任何你需要人们立即服从的时刻。但在一些社交场合，比如婚礼、葬礼，或是比较敏感的商务场合，如宣布坏消息时，请避免使用。同样，当你想要鼓励创新以及建设性回馈时，也要避免使用，因为它会阻碍他人的突破性思维。在这些情况下，要选用愿景、焦点和友善魅力。

4 种魅力，怎么用才合适

成为有魅力的人的方式不止一种，一种魅力风格也不可能适用于所有情况。什么情况下，某一风格的魅力会更有效呢？哪一种风格最适合你？你需要确定自己偏爱的魅力风格并知道何时使用，这对于挖掘你的魅力潜力是关键的一步。

不同的魅力风格适用于不同的情况，对你也会有不同的效果。为了决定你要呈现哪些魅力元素，你需要评估 3 个指标：什么最适合你的个性、你的目标和当下的情境。

◎ 你的个性：重要的是要知道什么适合你，并选择符合你个性优势的风格、工具和技术。
◎ 你的目标：你需要明确你想要达到的目标。一些魅力风格会让人们服从你，其他风格则会引导他们开放和分享。
◎ 当下的情境：你正在进入什么样的场景？情境决定了魅力的发挥舞台。

找到适合你的魅力

首先要考虑的是你的本性。

2004 年美国总统大选期间，约翰·克里（John Kerry）犯的一个错误就是，试图减弱他的焦点和智慧魅力，以使自己更加平易近人。这不仅没用，而且致使那些已经被他原来的性格吸引的人们开始疏远他。他的不适感让他看起来很尴尬、没有权威。

但在商界，乔布斯塑造并真实地保持了他的愿景魅力，不管在他人眼中他的个性或领导力风格是怎样的，他总是既有权威又有影响力。奥普拉·温弗瑞说，决定成为一个有权威魅力的人是她职业生涯的一个关键转折点。她放弃了成为“下一个黛安·索耶”① 的尝试，决定成为“最好的奥普拉”。

你不必强迫自己形成一种特定的魅力风格，我主张不要做一些违背你价值观的事，因为它只会对你不利。迫使自己形成一种不适合你的魅力风格会让你不快乐，因为它可能会起反作用。例如，一个性格内向的人强迫自己变得外向，会让自己感觉不自然和别扭，别人也可能是这么看他的。他不仅会让自己经历一次不愉快的体验，而且会在追求看起来外向的过程中败北。不要去对抗自己的个性，知道如何最自然地处理自己的风格，就可以收获巨大的回报。

The Charisma Myth 练习时间

接受内向性格

如果你在社交聚会上感觉不自在，下次你参加聚会的时候，就不要强迫自己立即进行社交活动或者整个晚上都保持社交的状态。相反，尝试以下简单的调整。到达聚会场所后，给自己 5 分钟时间，先去观察。给自己一点在聚会上的“内向”时间：5 分钟的孤独时间。我认识一个性格极其内向的人，她就经常在参加社交和商业活动时这样做。当她重新回到聚会中时，人们会频繁地称赞她光彩照人。

你不仅不必强迫自己养成某一种魅力风格，也不必只局限于一种风格。这些风

① 黛安·索耶（Diane Sawyer）是美国 ABC 电视台的当家主播，她有一段非常励志的成长故事。——编者注

格只是魅力的不同元素在我们周遭发挥作用的例子。在现实中，你可以交替使用几种魅力风格。掌握的风格越多，你就可以更灵活应变。

极具魅力的人能适应各种社交环境。海斯·巴纳德（Hayes Barnard），充满魅力的派拉蒙基金公司的首席执行官，他告诉我，他认为自己就像一把瑞士军刀，能适应任何状况。他在房间里走动的时候，会有意地根据他的听众改变自己的声音和肢体语言。在选择领导者时，他会寻找类似的能适应各种情况的人。

其实，这些魅力风格只是选取了我们性格中的不同方面，然后以我们舒服的方式表现出来。我们每个人的内心多多少少都存在着友善或权威性。你在练习不同的风格时，它们慢慢会变得更自然。多实践，这很快就会像刷牙一样简单、舒适了。

你不仅可以从一种魅力风格转换成另一种风格，还可以混合匹配。在你的权威魅力中添加一点友善魅力，或在你的焦点魅力中注入一些权威魅力。仅仅在一次采访中，奥普拉就可以表现出焦点魅力、友善魅力，有时甚至带有愿景魅力。

克林顿和奥巴马都具有愿景魅力，也都有权威魅力。然而，奥巴马更能成为人们的焦点。见过他的人会说，他的智慧显而易见，并且他会密切关注与他交往的所有人。而克林顿给人更多的是亲和力，他被认为“同理心泛滥”。

选择魅力风格时，记得检查你的心理和情绪状态。如果你感到不安，就不要试图使用权威魅力，直到你恢复信心。相反地，你可以选择一个不需要太多自信的魅力风格，如焦点或友善魅力，然后逐步转换到权威魅力。或者可以花时间加强你的信心，以便做好散发权威魅力的准备。

选择魅力风格第二个需要考虑的是你要实现的目标。你想让别人产生什么感觉？你希望他们如何回应？例如，如果你想让他们注意倾听和服从你，那么权威魅力是理想的。前面的内容告诉了你，哪一种魅力风格能更好地实现哪个目标。你在练习每一种风格的时候，会感觉到哪一种在什么情况下更适用。

因地制宜施展魅力

第三个需要考虑的是，依据当下情况选择魅力风格。

在一些情况下，有些魅力无论多强大，都不受欢迎。另一些情况则需要专门的魅力风格。例如，研究一致表明，在危机时期人们会倾向于追随大胆、自信、果断的人。这时，就应该展示权威或愿景魅力。

场合不同，人们对你和你展现的魅力的看法也会不一样。

首先，让我们看看情绪背景。人们的情绪状态会影响他们对你的感知，从而增强或降低你的魅力。某些情绪状态，如危机感或紧迫感，会增加人们发现你有魅力的机会。不过也可能出现例外，比如在“9·11”事件之前小布什总统被认为是有魅力的，危机之后人们反而对他很失望。

要了解你周围的情绪背景，你只需要问问自己：你周围的人感觉如何？他们此刻需要什么？如果你要解雇某人，权威魅力可能不是最合适的，你应该展现焦点或友善魅力。就像奥普拉一样，你可以在魅力的几种模式中切换，对情境的不同方面做出反应，展现你个性中的不同方面。

社会背景也很重要。有可能一种行为在美国被视为有魅力，在日本则不是。在北美洲大部分地区，人们会接受诚实、直接的目光接触，而在亚洲的一些地区，同样的目光接触会被认为是有侵略性和令人讨厌的行为。虽然专注当下、亲和力和影响力是魅力的基本要素，但在不同文化中，它们有不同的表达方式。

不过，只要准备好了正确的心境和行为，你仍有八成的机会让人感受到你的魅力。面部表情是全世界通用的。① 所以表达友善、同理心或关心的表情，在纽约可以被读懂，同样也可以在新德里甚至新几内亚被理解。

---

① 保罗·埃克曼（Paul Ekman）为了研究这个有趣的话题，周游了全世界。他去了非常偏远的地方，甚至去了以狩猎－采集为生的原始部落，编录和测试了超过一万种面部表情。

更重要的是，人们非常相信他们所感知到的意图。例如，如果你让自己进入友善的心理状态，你的面部表情和肢体语言将会有所呈现，会“刻录”在人们深层的情绪上。意识到这一点的人会想去喜欢你，想要看到你最积极的行为。把友善作为你的魅力安全网：只要你能进入一种友善状态，你将绝对拥有最好的机会，正确施展你的魅力（可以参照第 5 章学习促进友善的技巧）。

此外，你可以有策略地选择什么时候尝试新的魅力风格，即选择在低风险的情况下拓展你的舒适区。例如，如果你要去参加一个对你的事业和社交生活的影响都很小的聚会，就可以把它当作一个试验场，利用这些场合逐步适应新的魅力风格。你甚至可以在较短的随意的交往中练习新技巧，比如与收银员或门卫交流。

而在高风险的情况下，比如将要做一个很重要的展示或要去面试一份工作，就不要冒险让自己看起来不舒服或不真实。在这些例子中，最好坚持你最自然的行为和魅力风格。表 6–1 总结了前文不同魅力风格的特点。

表 6–1　对不同魅力风格的总结

	权威魅力	愿景魅力	焦点魅力	友善魅力
基础	影响力	信念	专注当下	亲和力
代表人物	科林·鲍威尔 温斯顿·丘吉尔 玛格丽特·撒切尔	史蒂夫·乔布斯 圣女贞德 马丁·路德·金	甘地 比尔·盖茨	特蕾莎修女 戴安娜王妃
让人们感觉	印象深刻 令人生畏 害怕	深受鼓舞 坚定	被倾听 被理解	被接受 被接纳 被珍惜
怎样达到	传递高的地位，对你影响别人的能力高度自信	表现出对高尚事业、信念和愿景的绝对坚信	传递关注和专注	传递温暖、关怀和接纳
人们会观察什么	行为举止：面部表情、肢体语言、行为；外表：地位象征、其他人的反应、头衔	行为举止：面部表情、肢体语言，尤其是声音	行为举止：面部表情、肢体语言，尤其是眼神	行为举止：通过眼神和声音表现出的肢体语言

续表

	权威魅力	愿景魅力	焦点魅力	友善魅力
好处	人们将会听从和服从你，在危机中有用	激发狂热的信念，激发创造性和团队精神	容易掌握，十分有效	创建一个情绪纽带和安全空间，让你受人喜爱
弊端	阻碍创造性思维，不鼓励反馈，让你看起来很傲慢	能够激发盲目的信念，看起来过于狂热，十分依赖于情景	可能看起来很渴望或卑躬屈膝，可能看起来很紧张或在讯问	可能导致过度依恋和分享，在商务场合不适用
如何平衡	增加亲和力	展现出脆弱的一面	增加自信和亲和力	增加自信

The **魅力聚焦**
Charisma Myth

- ◎ 合适的魅力风格取决于你的个性、目标和情境。
- ◎ 你可以交替选择不同的魅力风格，甚至把它们混合在一起。不要强迫自己选择你不适应的魅力风格。这样做只会对你自己的感觉和别人对你的看法造成负面影响。
- ◎ 你可以使用的魅力风格越多，就越灵活和自信。
- ◎ 在低风险的情况下拓展你的舒适区，在高风险的情况下坚持你已经熟悉的风格。
- ◎ 让友善成为你的安全网。给予人们真正的友善会让你获得拥有合适魅力的最佳机会。

07

第一印象效应

The Charisma Myth

How Anyone Can Master the Art and Science of Personal Magnetism

你永远不会有第二次机会给别人留下一个好的第一印象。在那短短的几秒钟内，仅仅一眼，别人就可以判断出你的社会地位、经济水平、受教育程度甚至事业成就。几分钟之内，他们就可以判断出你的智力水平、信誉度、能力状况、友善度以及自信心。尽管做出这些评价只在一瞬间，但它们可以持续数年，因为第一印象往往难以磨灭。

那有没有可能避免给别人留下一个坏的第一印象呢？当然可以。几次碰面交流就可以改变一个人对你的最初印象，但如果你想一开始就留下完美印象，那就必须更加努力。

为什么瞬间产生的印象能持续很久？经济学家约翰·肯尼思·加尔布雷思（John Kenneth Galbraith）提出了这样一种猜想，他表示："是改变对他人的看法，还是去证明这种改变没有必要，在这两种选择中，人们往往会选择后者。"行为学研究证实了他的观点。**一旦我们对某人做出评判，在之后的交往中我们会不断设法证明自己是正确的。我们的所见所闻都会经过第一印象的过滤。**

如果你给某人留下了一个美好的第一印象，那么之后的关系发展就会因此受益，甚至他可能会带给你意想不到的支持和帮助。但如果第一印象很糟糕，那此后想要改变这种印象都非常困难，甚至影响你们后续的互动。诉讼律师对此的体会最深刻，如果他的客户能够给陪审团留下好的第一印象，就会有利于后续的审判结果，因此他们会花费数小时认真准备这个重要时刻。所以，即使你已经在会议上迟到很久，也要再利用 30 秒的时间重新调整自己，进入正确的心境，展现恰当的肢体语言，否则，你很有可能给对方留下毫无吸引力的第一印象。

第一印象影响力如此巨大的另一个原因是，它的判断往往是正确的。得克萨斯大学奥斯汀分校进行的一项研究显示，人们仅仅通过一张照片就能够准确判断出一个人 90% 的人格特质。该研究包含的特质有：外向性、开放性、随和性、尽责性、情绪稳定性、可爱性、自尊程度、孤独程度、宗教信仰，甚至政治倾向。

“我们很早就知道，即使对别人一无所知，人们还是会很快下结论，”其中一位研究员表示，“但是在调查中我们惊奇地发现，第一印象的准确度很高，即使只是通过一张照片得出的判断。”

后续研究表明，我们对人格的预测往往相当准确，即使和这个人只认识了几秒钟。哈佛的一个研究小组进行了这样的试验：

> 研究人员向学生展示一个两秒钟的无声短片，视频里是他们从未见过的老师，然后请他们对老师的教学能力进行评价。随后，研究人员将这些评价与这位老师教过一个学期的学生们的评价做比较，结果发现这两组评价非常相似。这意味着，即使没有听过老师的声音或上过他的课，完全的陌生人也能相当准确地预测老师可能收到的评价。

首席执行官和人力资源专家也认可，面试的前几秒就已经决定了他们是否雇用面试者。一位资深高管曾和我分享说：“剩下的面试时间基本上属于装装门面。”

哈佛研究小组意识到，第一印象是由大脑中运行速度最快的部分产生的，这一部分也是大脑最原始的部分。在我们的大脑中，爬虫脑部分负责本能和原始反应，是我们祖先生存下来的关键。在狩猎－采集时代，我们往往只有一瞬间来判断进入我们视野的物体是有生命还是无生命，是人类还是非人类；换句话说，也就是“我们是要战斗、逃跑，还是放松”。那些能够在瞬间做出决定的人生存了下来，繁衍后代，而那些不能及时反应的人变成了其他动物的点心。

今天，即使是在成熟的商业背景下，狩猎－采集时代形成的生存本能依然在运行。当我们第一次见到某人时，会本能地问自己：他是朋友还是敌人？他们的意图有多友好？为了寻求答案，我们依然会找一些在原始社会非常有用的线索：外表和行为举止。

如果对方可能是敌人，我们的下一个问题就是：战斗还是逃跑？如果他们确实有恶意，他们是否有能力执行？为了找到答案，我们的大脑会试图确定哪一方能赢。我们会把这些因素综合考虑进来：身高、胖瘦、年龄以及性别。

当这些评估都在大脑中完成后，我们才可能开始交流并采取相应的谈话形式。

黄金法则：利用本能先赢一半

怎样才能给人留下一个美好的第一印象呢？其实，我们的思考逻辑相当简单：我们喜欢那些和自己相似的人。我们现在的本能来自人类长久的历史积淀，可以从部落时期开始算起。在那样一个环境下，能否准确判断一个人是不是属于你的部落可以决定你的生死。如果你懂得如何利用这些本能反应，那么它足以让你在生死之战中先赢一半。

当人们在装束、外表、举止、语言方面都相似时，他们会想当然地认为，他们有相似的社会背景、教育经历甚至价值观。他们感觉彼此同属于一个部落，正如拉迪亚德·吉卜林（Rudyard Kipling）在《丛林之书》中写的那样：“我们血脉相连，你和我。”

我们在观察别人的行为举止和肢体语言之前，会先对他做一个外表的整体评价。这可能是因为服装可以在远处观察到，并帮助我们快速决定这个人是敌是友。换句话说，服饰可以算得上是现代生活中的部落标识。

部落标识：根据环境选好衣服

你能想象美国总统穿着浴袍发表国情咨文吗？这样当然不妥。服饰影响观感，无论我们如何努力去保持客观。即使进行完全一样的演讲，穿着浴袍和穿着西装也会让我们感觉完全不同。

一位来自丹麦的经理告诉我：“我发现，穿的衣服越正式，我的意见便会得到越多的尊重！”对他来说，这种差别是惊人的。他在某一天穿着休闲服装展示一个观点，第二天穿着西装展示同一观点，两次产生了完全不同的结果。在第一种情况下，“几乎没有人在听”。而第二天，“大家全神贯注，我的目的也达到了”。

在20世纪70年代，年轻人的服饰风格倾向于“嬉皮士”或“中规中矩”风格。研究人员进行了一次实验，想测试服饰风格带来的影响。他们分别穿上两种风格的衣服来到校园，找在校大学生换零钱打电话。当他们的服装风格和学生一致时，三分之二的学生同意了请求；而当穿着风格相反时，同意帮忙的学生数量不到一半。

美国运通公司深谙其道，并且有效地利用了它。他们采取的行动非常明智：安排销售人员打扮成本校大学生的模样；接下来，再采取下一步行动，直接雇用学生当销售人员。通过这样的方式，他们发现销售业绩快速增长。

The Charisma Myth 练习时间

部落标识

融入环境还是脱颖而出？答案取决于你的目标，如果你想让别人感觉舒服，那就适应他们的部落标识。据说 IBM 的管理人员在让销售人员拜访一些比较传统的公司客户时，都会告诉他们："你可以穿任何衣服，只要外套是海军蓝的就可以。"

你不会穿着夏威夷衬衫去投资银行，也不会在创业公司穿着三件套西服。在同一个行业内，甚至会有不同的着装规范，税务律师不可能穿与娱乐业律师一样的西服。

如果你想给别人留下深刻的印象，就要根据环境选择衣服，并选择其中高端的那种。"人靠衣装"这句话说的就是这个道理。

提前做研究是值得的。如果你要去参加一个聚会，那就先给主人打个电话询问一下情况；如果你要去面试一份工作，那就提前几天去办公场所看看，观察一下进进出出的人们穿的是什么。

我在第一次去甲骨文公司时犯了一个错误，我当时穿了一套纽约风格的黑色西装。甲骨文不仅是一家西海岸公司（休闲风），同时还是一家高科技公司。他们很快就建议我脱去西装。最近，我在谷歌总部负责一个咨询项目，身穿牛仔裤的我很快就融入了其中，要知道我培训的那些杰出的工程师都穿着慵懒的短裤、T 恤和拖鞋。

握手的学问：建立关系的第一步

一位《财富》500 强公司的首席执行官曾经说过，当他必须从两名资历相当的候选人中选出一位时，他会把职位交给更会握手的候选人。这种做法极端吗？也许有点，但艾奥瓦大学的管理学专家在分析了面试过程中的互动后得出结论，握手“比随和、谨慎或情绪稳定更重要”。其他研究都表明，握手可以提高交往的质量，在一秒钟内产生较高程度的亲密感和信任感。

我经常告诉我的客户，无论穿多么昂贵的衣服、戴多么名贵的手表、背多么值钱的公文包，如果不擅长握手，那么第一印象就会打折。正确的握手所需的成本远远低于名牌西装，但其发挥的作用却是名牌西装不能比的。懂得良好的握手方式对权威魅力很重要，你能想象一位大人物握起手来软弱无力吗？

尽管握手看起来微不足道，但它是建立起亲密关系的重要一步。握手时的身体接触需要暂时撤消个人的空间屏障，即使只持续片刻。因此，握手需要信任。如果两人相互信任（握手顺利），建立关系的第一步就完成了。

人们公认的最早的关于握手的描述出现在埃及的壁画中。这些壁画可以追溯到公元前 2 800 年。直到今天，握手在跨文化和全球的交流中依然是很常见的，而且握手时一般使用右手。因为右手在古代是使用武器的那只手，而握右手则象征着暂停危险，因为迎宾人拿武器那只手现在是手无寸铁的。

在古罗马时代，握手的方式是紧扣手臂。人们会紧扣对方的肘部。这个手势可以让他们更方便地去觉察对方袖子里是否隐藏着匕首。中世纪的骑士把这些预防措施推进了一步，在握手臂之前先摇一摇，以便让所有隐藏的武器都掉出来，由此握手就诞生了。

握手时可能会犯的错误有很多，让我们先讨论最严重的错误吧。

死鱼式握手：这也许是一种最糟糕的握手方式。在这里，一只绵软的毫无生气的手伸出来，一点摇动的意思都没有。这种握手方式足以让一个会议在开始之前就被毁掉。但我遇到的许多女士都有这样的问题。

碎骨式握手：紧握别人的手也许可以显示出你的男子气概，但它也可能是一个人对他握手力度并不清楚的做法。这也可能是被误导的：有些女性误以为，握手时越有力，对方会越认真地对待她。因此，她们认为握手时应该用力，就好像自己的命运取决于它似的。

主导式握手：在这种情况下，一个人伸出手，手掌向下，这也许传达出他在互动中欲占上风的意图。这种握手方式还有一种版本，手直接向外伸直，一旦开始握手，立刻转向，从而获得上风。

双手式握法：经典的双手式握法也是错误的握手方式。在这种情况下，你会感到对方的左手也在用力，双手作用在你的右手、手腕、手臂、肩膀或颈部。这也被称为政治家的握手方式，这种方式给你一种握手者不怎么顾及你感受的感觉。唯一的例外是，你要见的人是你的好朋友。不过，即使是这样，我还是会把这种方式留给那些想要传达特别的亲和力的时候（别轻易拿出来用）。

我的许多学员得知自己在并不知情的情况下犯了以上错误时，都十分震惊。可能因为这样做，还没张嘴，他们就已经丧失了魅力。那么，怎样握手才算完美呢？请看下面的内容，它包括了理想握手方式的10项元素。

The 练习时间 Charisma Myth

完美的握手

按照这10个步骤做好每一步，或访问网址http://www.CharismaMyth.com/handshake观看每一步的现场演示，了解什么是好的、糟糕的以及最佳的握手方式。

1. 首先，确保你的右手是空的。提前把手上的东西转移到左手去。你一定不希望在要握手的时候手忙脚乱吧。
2. 右手不要拿饮料，尤其是冷饮，不然你的手会又冷又湿。

3. 在握别人的手之前，无论是男士还是女士，如果你是坐着的，请站起来。把你的手放在口袋外面，因为让人看得见手会让你看起来更加开放和诚实。
4. 确保足够的眼神交流，时不时热情地微笑，但笑太多会让你表现得很急迫。
5. 头部保持直立，不要以任何方式歪着头，要正视着对方。
6. 把你的手放直，既不主导（掌心向下）也不顺从（掌心向上）。如果不太确定，你可以把拇指竖起，对着天花板。
7. 打开拇指和食指，以确保能得到最佳的虎口接触。
8. 让你的手掌放平，而不是作捧状，从而完全贴合对方的手，保证双方的手掌能够充分接触。
9. 尽量用你的手指包裹对方的手，一根根放上去，就像你要用你的手给对方一个拥抱一样。你几乎可以用你的食指碰到他的脉搏。记得是几乎，并不是完全。
10. 一旦两只手充分接触，就将大拇指向下挤压，力度与对方的力度一致。握手要晃动手肘而不是手腕，如果你想传达特别的亲切感，那就停留片刻，然后后退一步。

一些客户试了这些方法后向我反馈，他们非常惊讶地发现一个完美的握手确实会产生很大的差异。和朋友或家人练习，他们会给你真正坦诚的反馈。请他们阅读这部分内容。（记住，这里所说的一切尤其适用于北美的情况。）

好了，你已经给人留下了一个美好的第一印象，也完成了一次完美的握手。接下来会发生什么呢？你得开始说话。有魅力的谈话者知道如何更轻松地开始谈话，如何让人觉得很特别，以及如何优雅地结束谈话。让我们看看，从打开话匣子到离开，我们应该如何建立积极的联系。

破冰：正确打开话匣子

有一个既简单又能表达亲和力的方式可以帮助你开启对话，并引导对话往正确的方向发展，那就是赞美对方的穿着打扮。这是非常好的开场方式，尤其是你想要展现友善魅力或者焦点魅力的时候。如果想让自己展现出柔和的一面，这也可以帮助你平衡你的权威魅力。

接着，可以继续就开放式问题进行交流，比如“你这样穿，背后有什么故事吗”。“故事”这个词对大多数人来说具有非常强烈的情绪效果，这让他们直接进入了讲故事的模式，从而很快改变你们之间的连接。况且，他们选择穿这件衣服通常是因为这让他感觉良好。

另一个破冰问题是“你是从哪里来的”。不管答案是什么，它都能推动对话的进一步发展。无论他们回答的是“纽约”还是“新德里”，如果你不是来自那个地区，就可以继续说：“在那里长大是什么感觉？”对方的故乡越小，而你对此表示出兴趣时，对方就会越高兴。

要想与对方不停地交流，只需要提一些开放式问题，比如“今晚是什么风把你给吹来啦”或者“你怎么看待这件事”。相反，封闭式问题只能够回答是或者不是。而且一旦回答完毕，又重新回到了起点，你不得不继续努力想其他话题来维持对话。

把你的问题集中在一些积极的话题上，因为人们会把你和与你谈话时产生的感觉联系起来。你应该知道要避免问“离婚的事怎么样了”这类问题；相反地，多关注那些可能会引发正面情绪的问题。随着问题的展开，你能够把谈话引向你想要的方向。

如果他们开始问你的情况，而你想要重新将谈话焦点转向他们，那么就可以利用“反弹”技术：用一个事实回答问题，并加上个人评论，然后重新将问题转向他们。比如：

对方："所以你要搬到哪里？"

你："搬去切尔西（事实）。我们热爱那里的公园和面包店（个人评论）。你认为那附近环境怎么样（转向）？

整个过程的关键是尽可能长时间地保持对他们的关注。"与一个男人谈论他自己的事情，他能听上几个小时。"本杰明·迪斯雷利说。事实上，你说话时最经常出现的字眼，应该是"你"而不是"我"。试着说："你可能会喜欢最新一期的《纽约时报》的文章主题。"而不应该说："我最近在《纽约时报》上读了一篇关于那个主题的文章。"或者，简单地插入一句"你知道……"，让他们立即振作起来，注意听你接下来的内容。

要想让自己给人感觉更加可靠，你要学会措辞，拓展词汇的广度和深度，找到适合你的听众的表达方式。你可以关注他们感兴趣的领域，并从中选择一些事物做比喻。如果他们对高尔夫感兴趣，而你想谈成功，就说一杆进洞。如果他们对航行感兴趣，说到灾难时就用沉船事故来代替。

我的一个学员是德意志银行的分析师，她告诉我，她似乎无法与老板建立良好的关系。她说他很粗暴，有很强的军队风格。"而且事实上，他也经常在日常交往中使用战争语言。"这对我来说正是我们需要的线索。我建议她在他们的对话中采用军事比喻，她会把自己比作"忠诚的战士"或"副将"，然后逐步增加军事词语在交谈中的使用。一周后，她告诉我，他们之间的交流得到了很大的改善，他现在似乎将她视为了"他阵营里的人"、一个可以信赖的伙伴。这是一个高回报的投资，只是向她的话中添加几个词，就能得到这么好的效果！

优雅的结束

正如第一印象可以为后续的交流增色，最后时刻的结束语也至关重要。成为一个有魅力的谈话者意味着，人们会很乐意跟你在一起，甚至可能会舍不得让你走。

事实上，你越有魅力，就越难摆脱你的新粉丝。很多有魅力的人都认为这是他们最大的挑战之一。所以怎样优雅地结束谈话呢？

首先，不要拖太久。否则你和对方都会感到紧张和不适。当然，最简单的结束谈话的方法就是找到合理的“官方”原因。比如，你是派对上的志愿者或者是要承担一些官方事物的角色。当你“正忙”时，别人实际上是不会想让你留太久的。

另一种优雅结束对话的方式是，提供一些有价值的东西，比如：

◎ 信息：文章、书籍或是你认为可能对他们有用的网站。

◎ 连接：在你认识的人中有他们想认识的，这时你可以介绍给他们认识。

◎ 预期：你可以邀请他们去你所在的组织里交流。

◎ 认可：给予他们你认为他们值得拥有的奖励。

提供有价值的东西往往会让他人加深对你的好感。这样一来，你也就能在对方的心中树立起慷慨的形象。

你可以等到对方说完一句话后再开口，说一下类似这样的话：“你知道，对于你刚才说的那番话，你真的应该查阅这个网站。如果你能给我一张名片，我可以发相关链接给你。”对方递给你一张名片，此刻你便有完美的机会说：“太好了！我很快用电子邮件回复你。很高兴认识你。”

另外，如果这个人已经同意认识另外一个人，你可以简单地说“让我介绍一下”来让双方相互认识。因为你刚刚大方地给他们提供了相互认识的机会，对方会情不自禁地对你产生好感。你还可以把擦肩而过的人拉入谈话，3 ～ 4 个人就刚刚好。

如果你要打断一段谈话，该怎么办呢？或许你要从这段谈话中解救某人，因为他已经暗示了自己想要脱身。或许是你需要把他介绍给其他人，或者这组人中有一个需要去做其他事。

在这种情况下，你需要集中全部的注意力，带着友善的眼神注视对方（见第 9 章）。记住，这个人不是你要带走的那个，而是被留下来的那个人。这种方式可以降低他的孤立感，并传达你的友善和焦点魅力。

这种情况下，最好的表达方式是："非常抱歉，但克里斯托弗需要……。我可以把他带到那边吗？"这种交流方式，至少在名义上给了对方选择的感觉。

谈话结束后，不要浪费时间去担心你说过的话、你想说却没有说这件事，或者去琢磨下一次该怎么样。麻省理工学院媒体实验室的研究表明，影响人的并不是你说过的单词或内容，而是与你交谈时的感觉。

你或许已经不记得一周之前的谈话内容，但却能够记得他们给你带来的感受。一段谈话在别人心中保留下来的是情绪印记，而不是对话内容。如果你能使用我们刚介绍的所有工具，你留给别人的情绪印记将会更加灿烂。

The 魅力聚焦 Charisma Myth

- ◎ 第一印象产生在几秒钟内，它不仅影响后面的交流，而且会影响你和他人的关系。
- ◎ 人们在和与自己相似的人交流时，会感觉十分自在。这种相似包括外表和行为。认真思考一下，你决定在自己所处的环境中选择什么样的服装和措辞。
- ◎ 完美的握手方式可以产生持久的影响。同样，差劲的握手方式会留下不好且持久的第一印象。花一些时间来完善打招呼的方式。
- ◎ 好的交流方式是把关注点聚焦到对方身上，并且让他们感觉良好。
- ◎ 优雅地结束对话会给其他人留下积极的印象。

08

魅力倾听，魅力表达

The Charisma Myth

How Anyone Can Master the Art and Science of Personal Magnetism

现在，我们已经知道，肢体语言和其他非语言信号可以表达很多含义，即使你一个字也没有说，它们也能完全呈现出你的魅力。管理自己的魅力心境，这是非常重要的第一步。在这一章，我们将重点揭示语言和声音的技巧，帮助你更好地利用魅力心境。你将会学习专注地倾听，以及有影响力和亲和力的表达方法。

魅力倾听的 3 个关键

当我问我的学员，如果挥动魔法棒就可以实现自己的一个愿望，你最希望自己哪方面的能力得到提升？大多数首席执行官会说："提高我的倾听技能。"倾听也许并不复杂，也不独特，但对魅力来说绝对是必需的技能，很多有魅力的人在这方面都很突出。一个倾听者即使一言未发，也可以让对方感觉到自己正在被倾听，完全被理解。事实上，只要用心倾听，就很容易在对方心中留下深刻印象。

想要做到专注地沟通，有 3 个关键，即用心倾听、避免插话以及有意停顿。第一步也是最重要的就是倾听，它是魅力的基础，因为倾听才能专注当下。

约翰·肯尼迪被称为“杰出的倾听者”，他给别人的感觉是“一直在用心听”。无论和谁互动，他卓越的倾听技能总是能够帮助他关注到对方的情绪，和对方建立深层的情绪交流。

我敢肯定，你一定知道倾听无比重要。但你知道吗，只要稍做调整，你的倾听技能就可以从很好变得卓越。好的倾听技能始于正确的心境，即将意愿和心理同时调整到关注对方并专心倾听的状态。倾听是呈现焦点魅力最重要的方式，同时也可以激发其他魅力风格。

倾听过程中有一个常见误解，那就是人们认为倾听只是“听别人把话说完，轮到自己再讲”。这远远不够。即使对方一直不停地说，在倾听的时候，你也要学会控制住自己，不能让思想神游，即便你是在思考接下来要说的内容，也不可以。要知道，你神游的状态会在脸上呈现出来，对方很容易就能察觉出来，知道你在等待随时插入话题。

专注当下是有效倾听的基础，在前面的章节，你已经掌握了避免思想神游的方法：

◎ 如果是因为分心，那么就训练自己去感受身体的状态，比如觉察自己的脚趾或者让呼吸在全身循环一圈。
◎ 如果是因为焦躁，那么就通过深入解析的方式进行调整，告诉自己你感觉身体正处于什么样的状态，然后重新回归谈话。

心境调整正确后，如何确保自己的行为也是正确的呢？**高效的倾听意味着，对方能够感觉到自己被真正地理解。**

优秀的倾听者明白永远不要打断别人，即使对方的信息让你无比激动。无论你多么想去祝福对方、温暖对方，打断他人总会引起对方的一丝不悦，他们觉得自己还没有说完。我的一个学员分享道：“这个技能和金子一样珍贵。在学习的过程中，我最重要的感受就是，不要去打断别人。”

顶级的倾听者知道对方打断自己时该怎么办。如果别人打断了你的发言，就让他们来吧！他们这样做对吗？当然不对。在这里，即使他们做错了，也不要让他们觉得自己错了。你的任务是让他们觉得自己是正确的。事实上，如果你发现有人跃跃欲试，想要表达，那么就尽量缩短讲话，或者用停顿的方式让对方插入对话中。

人们往往很爱听自己说话。你让他们说得越多，他们就越喜欢你。一个年轻的经理曾对我说："我通过面试的方法非常简单，那就是 90% 的时间让面试官说话。当我走出面试间的时候，他们会非常喜欢我，因为我们谈论的是对他们来说最重要的事情。”

大师级倾听者有一个特殊技巧，它简单高效，能让人产生一种被真实倾听并完全被理解的感受。**那就是“回答问题前，先停顿”**。钢琴家阿图尔·施纳贝尔（Artur Schnabel）曾说过："在音符的演奏上我并不比其他钢琴家强多少，但我懂得如何在音符和音符之间停顿，而这正是艺术之所在。”

知道何时停顿、如何停顿，在商务沟通中也是一门非常重要的艺术。有魅力的人会处理得非常自然。停顿是谈判中的常用工具，在人际沟通中也扮演了非常重要的角色，它让沟通对象感觉到自己聪明、有趣甚至令人难忘。

当对方已经说完的时候，你可以试试先让自己的面部表情到位，呈现出被对方所说内容吸引的神情，让他们感受到，你认为他们说的内容值得思考。这时，等待两秒，然后开始回答。整个场景可以像这样进行：

◎ 对方完成自己的讲话；
◎ 你的表情显示你被吸引了；
◎ 你用表情对讲话做出响应；
◎ 就在这时，开始你的回答。

这并不容易做到。保持沉默时，最需要展现的是自信。沉默期间，你也许会感觉尴尬，也许对方会认为这两秒的停顿是因为你对讲话内容不了解或者不确定。但是，这么做非常有价值。我的很多学员告诉我，这个小技巧对他们的影响非常大。他们互动的对象似乎感觉更放松、更被理解，从而愿意展开更多的话题。看看，这两秒钟换回了多么高的回报。

好的倾听技能可以让你专注当下，这是魅力的基础，同时可以激活其他魅力风格。现在，你已经构建了非常扎实的专注当下的能力，让我们进入下一节，有影响力和亲和力的魅力表达。

魅力表达就是建立积极连接

想象一下，有一天早晨你要急匆匆地赶去上班。你快速洗漱完毕，冲出家门，在第一个街口等着红灯变绿的时候，亲眼见证了一场致命的交通事故。从这一刻起，当你再过这条马路时，你会想到什么？是的，你会想到这场事故。那么，有没有办法让你不带任何联想地走过这条街道呢？这几乎不可能。你可能会记得那场事故带给你的恐惧，甚至感觉全身都冻住了。

大脑会把周围环境和身体的感受连接起来，当我们经历某一个场景时，身体会做出切实的反应。这就是汽车制造商总是在广告中加入美女的原因。①

这种连接也会带来消极感受，这正好解释了为什么电视天气预报员经常会收到恐吓信的原因。一些观众认为，是天气预报员造成了恶劣天气，因为他们播报了天气情况，继而这样的天气就出现了。所以在阴晴不定的时节里，天气预报员收到死亡威胁信也就不足为奇了。

① 一项调查显示，男人们会认为那些使用漂亮女模特打广告的车，看上去开得更快、更酷、更让人想要拥有。

在一个大公司里，人力资源总监负责所有员工的雇用情况。人们一想到他，就容易产生负面情绪，这是由他的工作职责所引发的。事实上，这种连接有长期负面影响，因为众所周知，他们是失业、工厂关闭等坏消息的代言人。有的公司的主营业务就是负责传递负面信息，专门承受人们的愤怒，处理完毕后再带着最糟糕的负面情绪离开。

你听说过“两国交战，不杀来使”吗？古波斯时期，在战争结束后，使者会被派去为国王传递胜负的信息。如果他报告战争打赢了，那就会受到盛情款待。但如果报告的是失败，他就很有可能会被立即处决。当然，现在我们不能随意处罚任何人，可这种习惯性思维一直存在：人们习惯于把你和某种情感连接在一起，而这种情感是双方在不断的互动中产生的。

1904 年，伊凡·巴甫洛夫（后来获得诺贝尔奖）正在研究动物的消化过程，他将狗一直拴在实验室里。一旦食物准备好了，他就会用打铃的方式来吸引狗的注意力。一次，他正无所事事地玩着铃铛，发现狗不仅像往常一样冲到喂食的地方，而且开始流口水。

很多养猫的人也有过类似的经历，在打开猫食罐的同时，小猫就会立刻出现。事实证明，人类亦是如此。是否有一些歌曲让你能量充沛？是否有歌曲让你思念过往，热泪盈眶？是否有某个味道或者气味勾起了你的童年回忆？

我们会把情感与环境、声音、味道、气味、地点和人连接起来。这就是别人会把你这个人和你留给他们的感觉连接在一起的原因。对于魅力，尤其是友善魅力，关键就是让别人自我感觉良好。本杰明·迪斯雷利的天才之处就在于，他能够让和他交流的人感觉到自己是富有智慧的、迷人的。人们会把这种从他身上得到的感觉与他这个人连接在一起。

我们每天都在不断和其他人进行思想连接。因此无论是在商业还是社交环境中，保持魅力的关键就在于你让他人产生的感受。要保持魅力，你需要创造一个非常强烈、积极的关联，避免产生消极连接。

世界上最大的会计师事务所之一曾请我去培训他们的“未来之星”。这是一群充满真诚、努力工作、善良又聪明的年轻人。因为他们的高学历和能力，他们在被调去分公司任职前，会在总部先工作两年。然而，公司其他人却非常厌恶他们。

在这两年期间，这些年轻的管理者将担任所有部门的专家，当其他部门遇到棘手问题时，比如事情出错或有麻烦的时候，他们需要花费大量时间来寻找错误在哪里并提供正确答案，或者合理解释正确的情况是什么。因此，这些后台的专家们自然而然地与困难情况以及不愉快的情感连接在了一起。

你可以想象得出，这些专家们把问题“遣返”给各个不同的部门时是很难受到欢迎和热情对待的，因为他们不得不向这些部门指出错误所在。这是多么负面的连接！因为这样的工作职能，这些未来之星若想让他人有被支持的感觉并与之建立积极的情感连接非常具有挑战性。

要想扭转这种消极的暗示，建立尽可能多的温暖连接，我们就要确保他们传递的信息是尽可能中性或好的内容，而不是坏消息。他们开始强调对方做的正确的地方。他们从电子邮件入手，发送有用的贴士，邮件中还有一个“表扬”专区，用来肯定各部门的工作。这个小技巧帮助他们以专家的身份给予他人温暖和赞美。

接受赞美

当对某人某事有负面连接时，我们很少进行有亲和力的表达，而且可能从来没有意识到这一点。负面连接在任何时候都会产生，尤其是在我们让身边的人感觉不好的时候。如果我们让他们感到自己非常糟糕，比如感觉自己做错了、做得不够好或者非常愚蠢，这都有损我们的魅力。

还记得别人赞美你的时候，你是什么感觉吗？例如，有人说你长得真好看或者你做了一件很棒的事情，你会本能地忽略它吗？对很多人来说，被称赞是非常令人高兴的事，但也会有一点尴尬，不知道应该如何更好地处理赞美。有的人要么害羞，要么谦虚地回应："哦，这没什么……"

然而，这样做似乎会给对方传递一个信息，即他们的赞美是错误的，甚至让对方觉得自己有点傻，并有可能会把和你在一起的经历关联到他很傻的状态。如果你这样做了很多次，很快他们就不再赞美你了。但如果对方赞美你的时候，你让他们也感觉良好，那么他们就会不断做这件事情。

下一次，你在接受赞美的时候，可以试着用以下方法有技巧地回应。

1. 暂停。
2. 接受赞美，如果可以的话，就享受它。
3. 做出接受赞美的表情，让对方知道他的赞美对你产生了影响。
4. 感谢他们。说"非常感谢"就够了，但也可以进一步表达谢意，感谢他们的体贴周到，告诉他们，他们的称赞点亮了你的一天。

试想一下赞美比尔·克林顿，你认为他会怎么做？我一直推荐学员们进行这样的练习。后来有一位朋友告诉我，他正好有这样的经历，那时候这位美国前总统去访问谷歌总部。他说：

> 看到他从大厅走过来时，我走近他，我能用的时间也就比打个招呼多一秒而已，结果我说："呃，感谢你为我们国家服务。"他停下来，思考了一下，好像从来没有想过别人会这样说。他沉浸其中，似乎这是别人对他说过的最具善意的一句话。之后他肩膀下沉，逐渐露出微笑，表现得就像是一名追星的童子军，似乎把我当成了总统："哦，这是我的荣幸。"多么巧妙的对待赞美的方式！他完美地处理了赞美。

当人们在你身边感觉良好的时候，这种积极连接就会增强你的亲和力。克林顿在这方面尤为擅长，他会让对方觉得自己是最重要的人。那么，怎样才能让人有这样的感觉呢?

首先，想象一下，如果你真的要和一个重要的人交流，你会怎么做。也许，你会想要听清楚他们说的每一句话。你会表现得十分好奇，甚至还带点崇拜，正是这一态度能让人们感觉非常棒，并将这个感受和你连接在一起。

正如戴尔·卡耐基所说："只要你对他们真的感兴趣，你在两个月内交到的朋友，会多于两年内你努力让别人对你感兴趣而交到的朋友。"**有一个小技巧就是，把你正在交流的对象假想成你正在看的电影的主角。**这会让你觉得他们更有趣，甚至有可能让他们觉得他们是个明星。有魅力的人无论是有意识还是无意识，都非常善于建立积极连接，让人们感到自己在他们心中是"特别"和"优秀"的。

我对我的学员们说："不要去努力打动别人，让他们来打动你，而他们会因此喜欢你。"信也好不信也罢，没有必要让别人觉得你很聪明，你要做的只是让他们觉得他们很聪明就够了。

视觉化表达

如果有人告诉你每年因吸烟造成的死亡人数，3 个月后，你是否还会记得那个确切的数字？也许不会。但如果那个人告诉你，这个数字相当于一年内每天都有 3 架载满乘客的波音 747 飞机失事，而且无人生还呢？那个画面一定会让你在一段时间内印象深刻。①

一张图胜过千言万语，这确实十分有道理。图像的生成对情绪和生理状态以及脑功能都有巨大的影响。与视觉处理能力相比，我们大脑的语言处理能力要薄弱

---

① 这个图像不仅有力，而且精确得可怕。单在美国，每年就有 530 000 人死于抽烟引起的疾病。这个数字相当于 1 325 架波音 747 飞机失事的死亡人数（每天发生 3 场以上事故）。

得多。当你说话时，大脑不得不把词和概念联系起来，然后再将概念转化为图像，这时人才能理解。既然如此，为什么不直接使用大脑自己的语言呢？只要情况允许，就选择用图像来表达。这样，你的影响力会更大，你传达的信息会让人记忆更深刻。

有愿景魅力的人能够充分利用图像的力量。以魅力著称的总统，比如富兰克林·德拉诺·罗斯福和亚伯拉罕·林肯，在就职演说中运用的视觉化比喻的数量是那些被认为缺乏魅力的总统的两倍。

在推出 iPod Nano 时，史蒂夫·乔布斯想用一种戏剧化方式来阐明这款产品的小巧、轻便。首先，他把它从牛仔裤上最小的口袋里掏出来，用行动证明了这款产品是多么小巧、轻薄。然后，他将 Nano 和 8 个 25 美分硬币的重量做比较：幻灯片上一边是 iPod，另一边则是 8 个硬币。

在克莱斯勒集团的重要转折期，李·亚科卡（Lee Iacocca）关闭了一大批工厂，也就是说有成千上万的工人将会被解雇。为了缓解工人们激烈的情绪，他用战争做比喻，将自己比喻成一名军医，将这件事称为“世界上最难的任务”。在战争中，到处都是受伤的士兵，而军医必须考虑救治对象的优先级，这叫作检伤分类法，即优先处理那些有最大生存机会的人。

通过这个比喻，亚科卡让人们感觉到，虽然工厂倒闭对每个人来说都是痛苦的，但总体上有利于公司的发展。同时他和大家置身于一个战壕，并在战争中承担着拯救者的角色。

在思索图像和比喻的时候，你可以试着让它们给人们带来更丰富的感官体验，尽量把 5 种感官都包括进去。你可以在任何场合做这件事情，无论话题有多么无聊。

前文提到的那家会计师事务所里，有位未来之星曾经让我协助他传达一条复杂新规定的重要性，要让大家明白，客户必须得遵从这条规范。我们想出这样一个比喻："如果你的客户没有遵从新规，那就像他们正划船渡河，你知道前面就是瀑布，可你却什么也不做，眼睁睁地看着他们冲向瀑布跌落下去。你看着他们摔得血肉模糊，血水染红了水面。"残忍吗？是的。有效吗？肯定。

当然，你得精心选择合适的比喻，来完成自己特定的目标。在前面的案例中，我们的比喻产生了震撼的效果，让他们在惊吓中记住了一些重要的事情。所以，即使是让人不那么舒服的比喻，也有合适的使用场合。总之，你应该根据你的不同目标选择恰当的比喻。

别想白色大象

大脑倾向于图像式思考，这可能也会造成一些问题。一旦图像形成了，不去这样想象几乎不可能。还记得白象练习吗？当被要求不去想白色大象时，你的大脑中会很快出现你想要避免的那个东西。

一位年轻的首席执行官告诉我："我们在财务上遇到些困难，当我和团队讨论这件事时，我偶尔会说'这不会让公司衰败的'。一个员工告诉我，我每次这样说都会让他想到公司衰落的样子。此后，我再也没说过那句话。"

比喻有时候可能也会绘错图像。一些常见的词就会产生这样的问题。当你告诉别人"没问题""不要担心""打电话不要犹豫"时，他们听了以后记住的可能就是"问题""担心"或者"犹豫"，而不会感受到你想帮助他们的意愿。要想防止这种消极结果，你可以使用这样的短句："这件事情我们会处理好"或者"任何时候都可以打电话给我"。

创造高价值

注意力是非常宝贵的资源，就像时间和金钱一样。任何时候，你要求人们听你说话或读你所写的文字，你都在要求他们在你身上花费时间和注意力。你在要求他们把他们的“资源”给你。

那么，你能给他们带来什么呢？我敢打赌，无论何时，人们被要求花费自己的稀缺资源时，一定（至少是潜意识里）会衡量自己的投资回报。你可以用多种方式给他们带来高价值：

◎ 娱乐：让你的邮件或会议更有趣一些。

◎ 信息：提供一些有趣的、知识含量高、对他们有帮助的内容。

◎ 良好的感觉：想办法让他们觉得他们很重要，或让他们自我感觉良好。

你说话的时间越长，你要求他们付出的就越多，你给他们的价值就应该越高。专业的演讲人在进行新讲稿的演练时，总是会将第一遍的表现录下来，然后逐字逐句地完善，尽可能加强演讲效果。

事实上，想要创造高价值，也可以不费很大力气。我们在前面已经做了一些总结：当你在说或者写的时候，用更少的词、更多的图片，努力让你的交流更有效、更有趣、更欢乐。

调整语调，让多变的声音更有魅力

声音的起伏是它传递亲和力和影响力的基础。1995 年，史蒂芬·切奇（Stephen Ceci）教授在康奈尔大学教授了春季和秋季两个学期的发展心理学，每学期各招 300 名学生。在寒假的时候，他尝试着调整自己的讲课风格。他通过训练来增加声音的起伏，并在说话时运用更多的手势，呈现一整套富含激情的肢体语言。

春季学期到了，他再次开始授课。课程的内容和秋季学期时的一模一样。切奇和他的同事甚至把两者的录像做了对比，以确认每一句话都是一样的，唯一的不同在于语调的变化和添加的手势动作。评分方式、教科书、上课时间、考试内容甚至学生的数量，都保持不变。

但是，春季上课的同学对整个课程和讲师的评分明显更高，甚至在课本方面都给予了高评价，课程好评度上涨了 20%。同时，春季班的学生认为自己学到了很多东西，即使他们的考试分数和秋季班的学生并没有什么明显差别。切奇本人因为这一点点改变而被学生们评价为知识更渊博、更乐于接受别人的观点、拥有更强组织能力的教授。

研究不断表明，对观众来说，怎么说比说了什么更重要。声音是非常好的传递亲和力和影响力的武器，有魅力的声音不止一种，你可以根据不同的交流对象用不同的声音来表达内容和想法。

麻省理工学院媒体实验室发现：即使听不到任何一句话，他们也能预测电话销售的成功率，他们需要的只是以下两个数据：

◎ 说的时间与听的时间的比率；

◎ 声音起伏的频次。

在这一章的前面，我们探讨了如何平衡说和听。声音的第二个重要特征就是起伏。声音起伏变化的程度会影响你的说服力和魅力。增加声音的起伏也就是让你的声音在以下几个方面更多变：音调（高或低）、音量（大或小）、音色（洪亮的或是空洞的）、语速（快或慢）以及节奏（流畅的或断断续续的）。

The Charisma Myth 练习时间

声音起伏

用录音机记录下声音，充分了解你的声音起伏。一句话多重复几遍，尽量将句子读得富有情感，尝试着用权威的、愤怒的、悲伤的、善解人意的、充满关心的、温暖的以及激情的口吻，去说同一句话。

声音的影响力

如果你的目标是传达出力量，把自己的音调、音色、音量和语速调整成以下状态：

音调和音色：越低、越洪亮、越浑厚，声音的影响力越大。

音量：演员在舞台上学会的第一件事就是展现自己的声音，也就是说他们必须调整自己的音量，使坐得很远的观众也能够听到他们的声音。一个非常经典的练习方法就是，把自己的话想象成箭。当你说话的时候，把它们瞄准不同的听众。

语速：缓慢而有节奏，经常暂停，给人一种自信的感觉。

The Charisma Myth 练习时间

声音的影响力

下面的方法可以帮助你通过声音增强影响力。

1. 放慢语速。视觉化对比一下：一个紧张、喋喋不休、语速还很快的青少年在说话，一个慢条斯理、声音浑厚的法官在宣读判决。
2. 停顿。有自信的人在讲话时经常停顿。他们在一句话讲完之后或者句子中间，通常会停顿一两秒。这显示出他们对自己影响力的自信，他们相信人们不会打断他。
3. 降低语调。你在问句结尾时声音会上扬吗？重新读一遍这句话，感受一下语调是怎样上扬的。想象一下：一名法官说“本案到此结束”。感受一下“结束”这个词的语调是怎么下降的。在结束的时候，降低语调非常有助于彰显影响力。当你想让自己听起来很自信时，可以试着在句子中间就降低语调。

4. 检查呼吸。深吸一口气，然后用鼻孔而不是嘴巴呼气。用嘴巴呼气会让你听起来气喘吁吁并且十分焦虑。

声音的亲和力

为了在声音中注入亲和力，你只需做一件事：微笑。微笑对我们说话的方式影响巨大，在一项研究中，听众仅凭声音就可以辨别出 16 种不同的微笑。这也是为什么，即使是打电话，微笑也很重要。

那些你不想笑的情况该怎么处理呢？好在你不必真的笑，通常，只要想着微笑，就能为你的声音注入亲和力。有不止一种办法能帮助你在演讲中传递魅力，但确实有一种非常有效的方法可以同时让你传递出影响力和亲和力：把自己想象成一个正在劝导众生的牧师，你关心人们（有亲和力），同时深信自己背后有神的支持（有影响力、有权威、有自信）。

现在，你拥有了通过说话和倾听专注当下、传递亲和力和影响力的工具。接下来，我们来管理肢体语言。

The 魅力聚焦 Charisma Myth

◎ 专注当下、有影响力和亲和力，这对于魅力表达和倾听十分重要。

◎ 好的倾听技巧是表达专注当下这一魅力基础的关键。

◎ 永远不要打断别人，并在回答之前偶尔停顿一两秒。

◎ 人们会把你带给他们的感觉和你连接起来。不要创建消极连接，也就是不要让他们感觉不舒服。

◎ 让别人感觉良好，特别是让他们对自己感觉良好。不要去努力打动别人，而是让他们打动你，他们会因此喜欢你。

◎ 视觉化表达：运用有画面感、调动丰富感官、运用比喻的语言，使表达更具吸引力。

◎ 尽量少说话，同时创造更多价值：娱乐、信息和良好的感觉。

◎ 为了扩大声音的影响力，可以缓慢、有节奏地讲话，在句子之间停顿，并在句末降低语调。

◎ 为了散发声音的亲和力，你只需做一件事：微笑或想象微笑。

09

肢体，比语言更强大的魅力工具

The Charisma Myth

How Anyone Can Master the Art and Science of Personal Magnetism

假期的最后一天，我打算尽情享受每一分钟。于是，我漫步在镇中心的小公园里，沐浴在阳光下。突然，有东西吸引了我的注意力。

一个矮矮的中年男人在白色的露天舞台上激情地演讲。人们很快聚拢而来，我也不知怎么的加入了人群。他说话的方式十分有吸引力，他的手势舒展流畅，声音十分有节奏。

他讲了 40 多分钟，人越聚越多，大家和我都听得入了迷。尽管如此，时至今日，我依然不知道那个人讲了些什么。因为这件事发生在墨西哥的一个小镇，而我对西班牙语一窍不通。

在将近一个小时的时间里，罗纳德·里焦（Ronald Riggio）这位魅力的主要研究者之一，在没听懂一句话的情况下仍听得如痴如醉。显然，演讲者说了什么并不重要，他演讲的方式让他更具吸引力。

人们听到词汇后首先激活的是大脑的认知功能，然后进入逻辑推理区域，这里主要帮助人们理解词汇的含义。相反，肢体语言直接作用于我们的本能和情绪。通过情绪交流，你可以激励他人去追随你、关心你或者听从你的意愿。商业大师艾伦·韦斯（Alan Weiss）认为："逻辑让人们去思考，情绪让人们去行动。"你更想拥有哪一个？如果你只和人们的逻辑思维对话，那就错过了另外一部分有趣的领域。

有魅力的人令他人印象深刻、备受鼓舞或者情绪激昂，因为魅力直接与情绪对话。它超越了我们的逻辑思维，但在情绪层面打动着我们，这就是魅力。

比起后发展的语言能力，非语言的交流方式在我们的大脑中扎得更深，影响更大。当语言与非语言的信号重叠时，非语言信号可以增强语言交流的效果。当两者有冲突的时候，我们会倾向于相信非语言信号，而不是语言。如果你的肢体语言没有魅力，无论你说的内容有多好，也会显得无关紧要。相反，用对了肢体语言，即使演讲内容不够完美，你也可以获得成功。

在一些情况下，信息的传递方式比信息本身重要得多。《哈佛商业评论》发表过一份详细的研究报告，该报告表明当负面的绩效评估伴随着积极的肢体语言出现时，比伴随着消极的肢体语言出现的正面评估更能让员工接受。

在高风险时刻，相较于表述内容，我们对一件事如何被表述更敏感，比如在争取一个新客户、给新老板留下好印象或交新朋友时。

在高风险的情况下，我们对肢体语言也比语言内容本身更敏感。这是由我们的本能反应，即“战斗－逃跑”反应所致，这是大脑中最原始的部分，它在高风险时变得更活跃。这部分大脑是无法理解词语或想法的，而是直接受肢体语言影响。

提高情绪感染力，让正能量连锁反应

如果你是领导者，肢体语言对你来说就尤为重要，因为它可能产生“情绪感染”。行为科学家对此的定义是：“一个人的情绪表达引发另一个人的情绪的过程。”

有魅力的人往往都是非常具有“感染力”的；他们非常擅长把自己的情绪传递到别人身上。作为一个领导者，即使只是短暂的偶然碰面，他的情绪也会透过肢体语言传递出去，并且在团队或者整个公司内传播开来，产生连锁效应。

这种连锁效应由我们大脑中的镜像神经元引发。镜像神经元的任务就是在大脑中复制或者显现出我们观察到的别人的情绪。当我们透过对方的行为或者面部表情发现情绪的时候，我们的镜像神经元就开始在大脑中重建这些情绪。这有可能就是我们会产生同理心的原因。

经常会有个性很强的领导者向我求助，他们已经拥有很强的魅力了，但想要学习如何管理自己的情绪感染力。我分析了他们对别人的影响，然后开始教给他们控制情绪的方法。

让我们假设这样一个情景：你正在和他人互动，但内心却非常焦虑。对方很快就解读出你的肢体语言，同时他们的镜像神经元活跃起来，开始复制你的状态。接下来他们去见其他人，这一过程再次发生，你的情绪状态就这样不断传播。情绪感染力“一旦触发，就会激发连锁反应”。在组织中，领导者的情绪总是会最快传播开来，这是因为人们更容易被手握权力的人影响（当然，这也是我们的生存本能在起作用）。因为情绪感染，所以领导者的情绪会强烈影响追随者的效率。

如果是拥有正能量的情绪，情绪感染就非常棒。控制变量实验表明，领导者的情绪如果是积极的，那么追随者不仅情绪状态、业绩和效率会得到提升，而且对领导者能力的认可度也会大幅度提升。

当然，情绪感染也有相对负面的影响。为了应对这一情况，我们要提高对自己心境的觉知，同时调整自己的情绪。本书第 12 章将会重点讲述这一内容。

提高情绪的感染力，是魅力指数的重要衡量方式。在研究社交商时，丹尼尔·戈尔曼在《情商 2》中分析了一段赫博·凯勒（Herb Kelleher）的视频，赫博是西南航空公司的缔造者，戈尔曼说："他经过每个人的身边并和大家互动，我们能够感受到，他感染了身边的每一个人。"

模仿，建立信任和融洽氛围的利器

你有没有注意过，结婚很多年的夫妻最后彼此长得很像？这是一个已被证明的事实，我们待在一起的时间越长，就越熟悉对方的肢体语言。这自然包括了我们的面部表情，因为我们不断用同样的面部肌肉重复相同的表情。

这种模仿别人的肢体语言的倾向通常被称为"边缘共振"，它与人的大脑紧密相连。边缘共振的产生是由一类名叫振子的神经元引发，它们负责协调人体的动作，把控运动的时间和方式。丹尼尔·戈尔曼在《哈佛商业评论》上详细地谈了两个卓有成就的提琴手共同演奏时会发生什么。不仅他们拉的音符会保持一致，而且由于振子的作用，他们彼此的右脑协调性甚至比他们自己左右脑的协调性更加和谐!

模仿对方的肢体语言，是建立信任和融洽氛围最简单的方法。许多有魅力的人都会刻意使用这个方法。

当你有意识地模仿对方的肢体语言时，你激活了内心深处的信任和喜爱。因此，当你需要别人对你敞开心扉的时候，它会帮上大忙。一名退休的政治记者说过，在采访过程中，模仿非常有用。"人们都喜欢分享。"他告诉我。他们会本能地分享更多。

世界各地的多项研究表明，模仿别人的肢体语言有助于让别人接受你的项目、购买你的产品或跟你做更好的交易。模仿甚至可以让你更具吸引力。

在你接下来的几次谈话中，试着模仿他人的整体姿态：他们如何用手撑着头，如何放置他们的脚，如何变化身体重心。如果他们移动自己的左手，你就移动你的右手，同时根据他们的语速、音调和语调来调整自己的声音。

因为人们在交谈时，主要关注的是自己，他们通常不会注意到你的模仿行为，除非你做得太明显。这里有一些方法可以帮助你进一步调整：

◎ 有选择地模仿：只做你感觉自然的动作。因为有些姿态具有性别特质。

◎ 调整动作幅度：如果他们做了一个很大的动作，你的动作就要小一点。

◎ 运用时间间隔：在开始模仿之前，间隔几秒钟。

多年来，我曾有幸指导过一些非常杰出的人物，他们致力于改善他人的生活水平。其中，我最欣赏戴瑞斯，他是“青年学者”项目（New Scholars）的年轻的联合创始人，这个非营利性组织致力于创造“企业家和平联盟”。

一日清晨，在肯尼亚的内罗毕，戴瑞斯正前去会见非洲最大的企业家网站总经理。这对他来讲是一次难得的机会，可以让自己的年轻组织和这个行业巨头建立合作关系。戴瑞斯同时也认为，这是一次非常好的机会，可以检测模仿这一技能的作用。他说：

> 当我们到达后，首先会见了企业家网站的高管乔治。他邀请我们去会议室，一边喝茶，一边聊天。在交谈的过程中，我非常仔细地观察了乔治。他坐得离桌子很远，双腿交叉，身体向前倾。渐渐地，我也开始模仿他的动作。这样做的效果很明显：乔治聊得越来越兴奋，语速也越来越快，谈话越来越投入。我意识到自己配合上了他的兴奋度和速度，这感觉非常自然和容易。
>
> 没过多久，总经理内森也到了。他走进来后，我觉察出室内的能量场变了，有一些紧张，不再那么轻松。内森坐得离桌子也比较远，但靠在椅背上，交叉着双腿，交叉方向和乔治不一样。因此我慢慢调整姿势来配合他，离桌

子远一点，靠着椅背，交叉着双腿。

内森的语调缓慢从容，我也试着调整我的语调。他偶尔会抬起手来强调某个重点，我也用同样的方式回应。他曾一度侧向一边，一只胳膊搭在桌子上。

轮到我发言的时候，我也慢慢把手臂移到桌子上，侧了一下身体。我知道自己正在模仿对方的动作，但我觉得这些动作很自然，内森显然完全没有注意到这一切。很快，我感觉到我们的交流气氛越来越缓和、放松。

最后，在我们相谈正欢时，我问内森如何看待我们的伙伴关系。他端坐好，身体朝向桌子，一边轻敲桌面，一边坚定地陈述他之前的观点。我的心一沉，因为他的观点和我们所希望的不同。但我还是让他说完，没有打断他。轮到我发言的时候，我也端坐起来，面朝桌上说："我们是这样看待它的……"我学着他，同样坚定地敲打着桌面。

接下来发生的事让我很震惊。内森端坐好，环顾四周，同意了我们的所有要求，甚至包括那些我们原本并不抱希望的要求！我简直不敢相信。我到现在仍然难以置信。我不确定是不是因为我的模仿，但我可以告诉你，我从来没有参加过以这种方式开始和结束的会议。我们得到了想要的一切，没有任何妥协。这是到目前为止，我们完成的最重要的交易。

戴瑞斯的故事表明，模仿别人的肢体语言足以实现融洽的关系，有时也足以促使对方接受你的观点。模仿也可以修复不好的第一印象，并且卓有成效。事实上，我可以告诉你，即使我意识到对方正在使用我教授的这些内容，这些技巧依然能在我身上产生效果。

但是，如果对方呈现的是负面的肢体语言，你还要模仿吗？这个就要根据情况来判断了。**在某些情况下，你可以先模仿对方的肢体语言，然后再把它们引导到积极的方向。**

举个例子，一个神情忧郁的同事过来找你。她轻敲着你敞开的门，问是否可以进来。当她走进来的时候，步伐犹豫不决。你问她发生了什么，她看上去如此焦虑、疲惫，甚至找不到词汇来表达自己的担忧。

这时候，模仿就可以帮助你建立起融洽的关系。这时，你可以仔细地观察她的姿势：她怎么坐、手如何撑着头、肩膀是什么样的，然后你慢慢地做出同样的姿势。你需要寻找节奏。她会不会时不时点头、敲敲膝盖或坐立不安？当然，你也可以更放松地模仿。你用声音来匹配她也是很好的方式，你可以采用相似的节奏和音量。

一旦你开始模仿，就要在倾听的过程中始终保持这样的状态：一边倾听，一边用肢体语言去配合她。轮到你发言的时候，你可以在声音、表情、眼神中融入温暖、关心和同情。当你说话的时候，慢慢把姿势调整到放松、平静甚至是自信的姿势。这对她来说，是一个很好的跟随机会。

先模仿再引导是非常明智的策略，尤其是和你交流的对象需要宽慰的时候，此时他们感到紧张或胆怯、焦虑或尴尬、拘谨或孤立。对于这些情绪状态，我们可以通过模仿来建立舒适和谐的关系，把他们一步步引导出来。在这些情况下，使用强迫的方式来影响对方的肢体语言是非常不明智的。

然而，有时候你可能不想去模仿对方的肢体语言。如果他们的行为举止充满愤怒或敌意，模仿只会加剧紧张的局势。让我们假设一下，你正在会见一个经理，他拒绝了你提出的要求，此时他做出防御性姿态：手臂往后靠、双腿交叉、双手握成拳头。此时，不要去模仿，你可以通过递给他某样东西来化解他的姿势，比如一张纸或一支钢笔。一旦他重新调整了姿势，就用一些新信息或者转换话题的方式来分散他的注意力，与他重新建立和谐关系。

请记住，我们的身体会影响我们的心理。生理学与心理学之间的紧密联系解释了这一现象，当你试图改变愤怒、固执或者充满敌意的人的想法之前，先改变他们的肢体语言。如果他们的身体处于特定的情绪模式，就很难让他们去感受其他情绪。

尊重个人空间

行为科学家可以极其精准地预测，人们在选择公共浴室时会使用哪一个隔间。人类在做选择时会遵循某种模式，并受已被占用的隔间影响。我们对个人空间非常在意，即使是玩虚拟现实游戏的人，他们在游戏中也会遵守真实世界的个人空间规则。

个人空间的概念是 20 世纪中期出现的，来自对动物园里动物行为的研究。动物们会设立自己的领域并进行防御，人类也会树立对空间的“所有权”。即使这个领域很小，人们也会认为这是身体的延伸，于是在被入侵的时候，我们会立刻保护这个空间。

拥有魅力意味着带给别人舒适、自在的感受，让对方在我们身边时自我感觉良好。在非语言交流中，令别人感到舒适、建立亲密关系的一个关键因素是，尊重对方的个人空间，从而让他感到舒适。相反，不尊重他人的个人空间会引发对方的不适感，使他把这些情绪与你联系在一起。

假设你正在和他人谈话，你注意到对方的上半身歪向一侧、头向后仰，甚至身体远离你。这可能表明，她需要更多的个人空间。这时候，最糟糕的情况就是你向前一步拉近距离。这会使她更不舒服，而且那些负面情绪极有可能与你连接。所以，你可以给她一些个人空间：退后一步或向后移动几英寸。

个人空间的大小取决于文化、人口密度以及具体的实际情况。个人舒适区的范围实际上是可变的，在特殊情况下，我们会接受个人空间大小的改变，比如在拥挤的电梯、公交车或者地铁上。

在拥挤的地铁上，我曾试着突破自己的本能，却更加体验到我们对个人空间的需求是多么根深蒂固。当车门打开，人潮向外涌动时，车厢内终于有了一些空间，我忍住自己想要移动的冲动，坚持站在原地，没有离开离我最近的乘客。我很好奇，我对本能倾向的了解是否可以让我摆脱它们的束缚。事实显然是否定的：我意识到，这个有意思的测试让我的身体非常不舒服，几乎让我无法忍受！尽管我尽可能待在原地，但最后身体已经不听使唤：即使没有移动脚步，我的身体在平衡范围内已经歪到了一边。

个人空间会影响我们和他人的互动，影响我们觉察当下的情况。这就是为什么谈判者会非常仔细地挑选自己的位置，因为他知道自己的座位选择会影响整个谈判的结果。当人们围坐在一起，被桌子分开的时候，大家在交流中会更倾向于用短句，更喜欢争论，更少回忆刚才说的话。

The Charisma Myth 练习时间

有魅力的座位选择

下次，当你想要和对方建立温暖、和谐的关系时，在座位的选择上就要避免选择有对抗性的位置，你可以坐在挨着他们或者呈 90 度角的位置上。你可以和伙伴一起进行下面的练习。

- 坐在对方的旁边开始交谈。
- 5 分钟后，调整位置，相对而坐，这时候你会感觉在舒适度上有明显的不同。
- 再过 5 分钟，坐在对方的 90 度角的位置，再体会一下区别。
- 最后，回到最初的位置上，彼此挨着坐。

仔细感受在整个训练中，信任感和舒适度的变化。

如果你想要对方感到舒适，那就避免让对方的后背朝向一个开放的空间，特别是背后如果有人来回走动，他们就会心跳加快、呼吸加速、血压上升。因此不要让对方的后背朝向敞开的门或者落地窗，他们因此产生的不适感可能会影响他们对你的看法。

有魅力的眼神

你是否有过这样的经历，在交流过程中，你发现对方的眼神越过你的肩膀，似乎在寻找或等待更重要、更有趣的人？眼神飘忽不定绝对是没有魅力的行为。

良好的眼神交流非常重要。真挚的眼神可以产生强大的影响力，它可以传递出同理心，并给人留下体贴、智慧和聪明的印象。想要拥有魅力，没有眼神交流是不行的。事实上，魅力大师之所以能够让你觉得你是房间里最重要的人，主要技巧之一就是眼神交流。

人类学家海伦·费希尔（Helen Fisher）解释道，当你一直盯着对方的时候，他们会心率加快，并分泌一种叫苯基乙胺的激素，促使血液流速加快。苯基乙胺正是传说中让人们一见钟情的激素。

有一项研究让互不相识的陌生人面对面坐着，并相互记录对方眨眼睛的次数。这样做的目的是让人们在不尴尬的情况下进行深度对望。在短短几分钟内，人们反馈给对方的感情增强了，有些甚至有更强烈的感觉。所以，只要做得不过分，眼神交流的效果非常显著。

我们的眼睛是非语言交流的关键，也可以说是最重要的部分。眼睛为什么被称为“心灵之窗”呢？因为它们是整张脸上最灵活的部分，最能表达情感。

想象一下，如果你和带着墨镜的人交流，是不是觉得很难读懂他们的心思？这就是扑克牌玩家在打牌时会戴上墨镜的原因。航运巨头亚里士多德·奥纳西斯

（Aristotle Onassis）在激烈的谈判中也会戴上墨镜，不让对手知道他在想什么。

眼神的接触对我们来说意义非凡，以致当与我们有大量眼神交流的人转移目光时，我们的大脑会不自觉地产生分离焦虑。要想避免这种情况，可以使用以下这个好方法：**在和对方交流结束时，目光继续维持在对方身上 3 秒钟**。这听起来可能很短，却能令人产生无限的感受。如果你能养成这样的习惯，就会发现这是值得的。只需投入几秒钟，人们就会觉得，你真正关注他们。

人们最常见的眼神交流问题有两个，要么因为害羞而不敢注视，要么因为分心而导致眼神接触不够。不幸的是，任意一种情况都可能毁掉你的魅力。有一个技巧可以解决这两个问题，那就是全身心去感受。当你看着对方的眼睛时，专注于当下身体的感受。如果你感到害羞，这可以缓解不适。如果是分心，这就可以帮助你将注意力重新集中在当下。此外，你也可以观察对方眼睛的颜色，仔细看他们瞳孔周围深浅不一的颜色分布。

假设在一个聚会上，老板的太太抓着你的手臂，不停说着一个无聊透顶的话题。你可能会想让思绪神游或者眼神飘移一会儿，但你清楚地知道，这样做会让对方察觉，降低你的魅力。这时，上面的技巧就可以派上用场，帮助你保持专注。

这些知识和工具可以帮你掌握恰到好处的眼神接触。但是，想要魅力四射，这些还不够。你还需要知道，在不同情况下，如何选择眼神交流类型。眼睛周围呈现出的紧张情绪的程度和种类，能够大大影响我们在对方心中的印象。

一位专注在这个领域的神经科学家莱斯·费赫米（Les Fehmi）认为，我们的眼神取决于注意力的投入方式。如果我们的注意力聚焦在对某事的评估上，比如警察的目光，压力系统就会持续处于高警戒的状态。我们的眼神会变得非常犀利、专注，应激反应增强，面部表情和眼睛会显得更加紧张，并会抑制我们的亲和力。

要想让眼神有魅力，我们就需要转换到柔和聚焦。这会快速放松我们的眼睛和脸部，平抚我们的压力系统。这里有 3 个简单步骤可以帮助你进入柔和聚焦状态：首先，闭上双眼；接着，专注于周围的空间，然后是整个房间；最后，注意力慢慢转移到整个宇宙空间。是的，你已经进入了柔和聚焦状态。

The Charisma Myth 练习时间

有魅力的眼神

要想真正了解眼睛放松和开放时，面部表情会有多大的不同，可以试试下面的方法，看看自己的变化。

- 找一个带镜子的房间，确保接下来的几分钟不会被打扰。
- 闭上眼睛，回忆一下最近让你感到烦心的事情，比如一直打扰你的小事或者像缴税这样的麻烦事。
- 当你进入生气的状态后，睁开眼睛，仔细看看镜子。看看眼睛周围的紧张度以及眼睛变小的模样。
- 再次闭上你的双眼，这次想想一些能让你感到温暖的事情，可以是最近的一次愉快体验，比如和好朋友在一起的快乐时光。
- 温暖的感觉在心中蔓延的时候，睁开眼睛，看看镜子，观察眼睛的放松程度，这就是你感觉温暖时的模样。
- 闭上双眼，接下来想一件令人兴奋的事情，这件事情让你信心满满，感觉站到了世界的巅峰，比如赢得了胜利、获得了荣誉等。
- 当你感到自信的时候，睁开你的双眼，仔细看看它们现在是什么模样，这就是你自信时的样子。

我的一个学员在做这项练习时说：“我们的一个小小改变能产生极大的眼神变化……快赶上蝴蝶效应了！”

很少有事情能像错误的眼神交流那样造成巨大的伤害。想要提升你的魅力，就要提升眼神交流能力，下次在和他人的交流中，注意随时检查眼睛的紧张度。如果你感觉到紧绷，那就放松它。快速运用视觉化想象（快速想一个温馨的画面），或者尝试进入柔和聚焦的状态。

找到合适的眼神是散发亲和力的关键。接下来，让我们看看影响力的关键因素：姿势。

选择正确的姿势

我们无法窥探他人的内心世界，只能从外在观察去推测人们的个性。当对方举手投足展现出高度自信时，我们倾向于认为，他拥有自信的资本。人们会直接接受你表现出来的样子。你的肢体语言呈现出的自信度越高，就能收到越多的魅力肯定。

想要释放出亲和力，就需要激活你的影响力和自信心，这样你看上去才不会显得心急或卑微。肢体语言和我们的内心世界紧紧相连，单是自信或缺乏自信就可以盖过其他力量因素。无论我们是通过外表、头衔还是他人对我们的敬意来显示我们的权力和地位，只要一个不安的肢体语言，就足以抹杀所有魅力。也就是说，即使你的身上没有任何象征影响力的符号，自信的肢体语言就可以让你魅力非凡。

在下面的章节中，你将学习如何用姿势来扩大你的影响力，并与亲和力相平衡。

做个“大猩猩”

春风和煦，加利福尼亚州的斯坦福大学里到处都是学生。这里到处都是西班牙风格的建筑、棕榈树和热情绽放的野花，整个校园像极了一个豪华的乡村俱乐部和西班牙庄园的结合体。

这时，艾拉怀里抱着一摞书，紧张地穿过校园，她是历史系的学生，戴着厚厚的眼镜，正准备去上第一节跆拳道基础课程。

她走进更衣室，心里七上八下，完全不知道接下来会发生些什么。很快，她就换上了T恤和短裤，可突然间，她觉得自己很脆弱。“也许我们会先开始做俯卧撑，”她对自己说，“或者我们可能先开始打沙袋？真希望不要一上来就让我们互相对战，我还从来没有向别人挥过拳头呢。”

让她庆幸的是，这节课既不打沙袋，也不用做俯卧撑。相反，教练布置了一项非常特别、令人意想不到的任务：“接下来的一个小时里，在校园里找一个人多、拥挤的地方，在那里四处走动，试着让人给你让路。”这个任务唯一的要求就是，艾拉不可以给别人让路。就算可能稍稍碰撞到，也不能让。

所以，艾拉鼓起勇气穿越人群。整个过程中，她要让别人让路。如果是你，会怎么办，你会怎么让别人给你让路呢？

让我们回想一下拳击比赛，输赢的关键是什么？大多数人会说，力量、速度和敏捷度。没错！但是，职业拳击手会告诉你，在挥出第一拳前，甚至在踏上赛场时，胜负就已有定论。事实上，拳击选手的气势和给人的印象在一开始就决定了胜负。

你可能从没意识到，当你走在路上时，你的潜意识一直在搜集和扫描周围的环境信息，以便顺利前行。你的双眼一直在观察、评估潜在的障碍，其中包括可能会挡住你的人。这些信息让你决定是否需要调整路线绕开它们。你会不自觉地观察对方的肢体语言。

如果他们的肢体语言呈现的是“你最好给我让开”，你可能会很快识别出来，并为他们让路。相反，如果你觉得自己是体形更大的“大猩猩”，就会继续沿着自己的道路前行，期望别人给你让路。

现在闭上双眼，在你的脑海中想象一只体形巨大无比的猩猩。它发现另一只猩猩侵入了它的领地，所以十分生气。它冲进丛林，爬上树顶，想让对方看到它，宣告自己的主权。它会怎么做呢？它会挺起胸膛，用自己的两个拳头捶胸，这些动作让它看上去更厉害，声音也更响亮。人类学认为，我们也用同样的方式去解读自信，你想占据多大的空间体现了你有多大的自信。

斯坦福大学商学院的组织行为学教授德博拉·格林菲尔德（Deborah Gruenfeld）说："有影响力的人会斜坐在椅子上，手搭着椅背；或是占用两把椅子，把手搭在另一张椅背上。他们还会把脚放在桌子上，或是坐在桌子上。"据她说，这些行为都是在宣示领土。

下次在拥挤的人潮中，不妨练练人们为你让路的感觉。你甚至可以在上班的路上就练习。首先，想象一只大猩猩冲进了街道。然后，采用相似的肢体语言，让你的身体传达出这一信息：你要占用尽可能多的空间，越多越好。穿过人群的时候，挺起你的胸膛向前走。你甚至可以边走边挥舞着手臂，霸占更多空间。

当你第一次尝试这种自信的肢体语言时，内心可能会觉得有点害怕。没关系，这种练习是值得去做的。最坏的情况无非是你撞到别人。如果真的撞到别人，那就迅速运用视觉化想象来增加亲和力，从而展现友善魅力。把你撞到的人想象成一位好朋友或者把他们看作带翅膀的天使。

你的任务就是要学会如何去占领空间，并且适应这种感觉。记住，你需要活动自如地挺起胸膛，所以不要穿紧身的衣服以免呼吸不畅。如果呼吸不舒服，你又怎么能呈现有威严的感觉呢？

在和顾客练习有魅力的肢体语言的时候，我通常会问的一个问题就是："你现在的呼吸是什么感觉？"任何时候，只要呼吸变急促了，压力系统就会产生反应。如果缺氧，人就很难感觉到镇定、放松和自信，因为这时你的身体会进入"战斗－逃跑"模式。

The Charisma Myth 练习时间

做个“大猩猩”

这是一个非常棒的练习！在某些会面或者社交场合里，你需要传递和呈现自信的状态，比如去面试或见一个让你有些害怕的人。

请跟着下面 7 个步骤，传递出自信的肢体语言。

1. 确保呼吸顺畅。如果需要的话，就把衣服弄松一点。
2. 站起来，晃动一下身体。
3. 双脚分开站立，坚定地踩在地面上。舒展、稳定的姿态会帮助你更好地呈现出自信。
4. 手臂伸向天花板方向，试着用指尖去触碰它。
5. 接下来，伸展你的双臂，试着触碰你旁边的墙。
6. 手臂放松，重新放到身体的两侧，前后转动你的肩膀。
7. 挺起胸膛，占用尽可能多的空间。将自己想象成一只大猩猩，全身鼓起来，身体变大一倍。

正如斯坦福大学的格林菲尔德教授所发现的，采用更大的动作（占用更多的空间）会让人在生理上发生巨大变化。一项实验的数据显示，这样做使促进自信和能量的激素增长了 19%，使引发焦虑的激素下降了 25%。采用自信、坚定的姿势会让你觉得更自信、更有力量。一旦你感受到了自己的内在力量，肢体语言也会随之做出调整，反过来促进你的生理机能，从而形成良性循环。你需要做的就是保持这个循环运转下去。不断练习，有自信的肢体语言将会成为你的第二天性。

高贵的姿态

你能够想象詹姆斯·邦德坐立不安的样子吗？他会扯衣服，摇晃脑袋或者不断抖动肩膀吗？你能想象他说话的时候吞吞吐吐、欲言又止的模样吗？当然无法想象，邦德可是一位沉着、冷静的人物，他就是自信的代名词。

这种高地位、高自信的肢体语言的关键就在于几乎没有任何小动作。沉着的人看起来总是很平静，人们将它描述为镇定。他们会避免多余的手势，比如不安地玩弄自己的衣服、头发和脸，不停地点头或者语句中带有很多“嗯”等无用的词。

在行为学家看来，这些姿势是地位低的表现，采用这些手势的人往往是出于安抚交流对象的目的。他们这么做，可能是出于以下两种考虑：

◎ 传达同理心：让对方感到自己被倾听、被理解，并让对方知道他在专心倾听。

◎ 对方没有安全感：想要取悦对方或者安抚对方。

相反，那些有影响力、有自信、地位高的人总是显得镇定自若，他们不会想要表达过多的安抚，也不会去担心对方在想些什么。

想象一下你正在王宫里，你看到一个紧张、焦虑的仆人不停地点头行礼，另一面则是一位国王或王后，他们镇定、有力，完全不需要有任何动作。

如果你想要培养自己这种镇定自若的状态，要学会规避 3 个问题。

第一，不要过于频繁、快速地点头。点一次头表示强调或者同意，这是一种高效的沟通方式。但是点 3 ～ 4 次头，并且速度非常快，这就不太好了。我的客户管这叫“鼓点式点头”。

第二，避免过多的语言认同。比如发出“嗯”“哦，同意”这样的词或短句，一次还可以，多做几次效果就差强人意了。

第三，避免焦躁或坐立不安的状态。比如不断敲你的铅笔、抖腿或者重新整理桌上的物品。坐立不安的模样会降低你专注当下的程度，有损魅力。即使看上去有亲和力、充满自信、神采奕奕，但如果坐着的时候显得非常不安，你也不可能有魅力，因为你的肢体语言一直在传递着分心的信号。我认识一个年轻企业家，他充满自信、有亲和力，可是他坐着的时候总是在不断地晃动，看上去古怪极了。原来他过去就是一个坐不住的孩子，从来不被人重视。

如何改变这些习惯呢？第一步就是自我觉察，你需要亲眼看到你在别人眼中的模样。对此最有效的方法就是，录下你在会议上或者和别人交流时的表现。当你坐下来回顾录像的时候，先快进10分钟，因为你可能需要10分钟来忘记摄像机的存在，那时肢体语言会更加自如。关掉声音，只看影像，观察自己的肢体语言，判断一下谁更像这个房间里的资深人士。最后打开声音再看一遍，比较一下，你和对方谁的语言认同更多。这个过程中，你的内心可能备受煎熬，但完成之后价值巨大：你可以从视频中清晰地看到别人是怎么看待你的。

有了这个新意识，你可能会突然发现，自己每天都会做大量的语言和非语言的认同表现，并为此感到沮丧，这非常正常。我的客户告诉我，在开始的几天他感到相当沮丧，因为发现自己点头点得太多了。

不要过于自责，每个人都会经历这种挫折，而且改变这些习惯并非不可能。那位自称点头如打鼓的客户自豪地对我说："虽然现在我偶尔还是会点头，但我发现我是有意识这样做的，而且会挑选合适的时机去做。"

一旦发现自己做出点头或者语言认同，就提醒自己用沉默和镇定来代替。要想让自己适应沉默，可以在句子结尾或中间，用停顿来间隔。如果你想进步得更快，可以请朋友或者同事来帮忙，让他们只要发现你做出了这些习惯性动作，就马上提醒你。有个超级有效的方法是，随身携带一大沓一美元的钞票，只要一犯错，就撕毁一张。如果你想改变一个习惯，请朋友、伴侣或者同事帮忙能让效果最大化。

然而，有一点需要注意，展示过多的影响力可能会让一些人觉得你很傲慢或者有威胁。这个时候，你可以利用前面学到的展现亲和力的技巧，比如柔和地注视着对方；你也可以尝试把下巴往下压，想象一个国王向高贵的特使示意的感觉。这样做可以收到双重效果，它既可以避免给对方留下傲慢的印象，要知道，如果你的头微微后倾，就会给人这种感觉；另外，你的眼睛也会随之放大，看起来更加贴心、专注、从容不迫。

正确把握时机

同样的非语言表达和沟通在一些情况下非常有用，在另一种背景下却会起反作用。比如，如果你面对的是害羞或非常被动的同事，运用非语言认可（点头）或者语言认可（“嗯”）的方式，可以很好地安抚他。

如果对方看上去非常没有安全感，你可以尝试传递你的亲和力。你可以使用在第 5 章所学的视觉化想象或第 8 章传递亲和力的技巧，从而调整自己的肢体语言。

但是，如果你想成为信心满满的人或受人尊敬的老板，就要注意自己的姿态，限制自己给予对方认同。这时候，你的肢体语言不再是模仿对方（除非他们的肢体语言充满了你想要展示的自信），而是要把握你自己的节奏，维持自己的自信姿态。

现在，你已经为展示专注力、影响力和亲和力打下了语言和非语言基础。

你首先学到的是，如何通过构建坚实的内心世界来创造魅力，然后是如何把自己的魅力呈现给这个世界。接下来，你将学会如何利用各种工具来处理棘手的情况。下一章将告诉你如何在不利的情况下保持魅力。

The 魅力聚焦 Charisma Myth

◎ 语言直接作用于沟通对象的逻辑思维，肢体语言则直达对方的情绪。

◎ 肢体语言和语言一致的时候，前者的效果会被放大。

◎ 当肢体语言和语言不一致时，我们会更倾向于相信对方的肢体语言，而不是他们说出来的话。

◎ 通过情绪感染，你的情绪会传播给其他人。作为一个领导者，你的肢体语言传递了你的情绪，即使是在最短的时间内或最随意的场合中，它都会在你的团队甚至整个公司中产生涟漪效应。

◎ 想要表现出有亲和力的状态，就要让对方感到舒适。你可以尝试以下方法：尊重对方的个人空间，模仿他们的肢体语言，保持你眼睛的放松状态。

◎ 如果人们过来找你是为了获得安抚，那就首先模仿对方的肢体语言，然后把他们引领到一个更加平静、开放、自信的状态。

◎ 当对方处于防御状态时，首先通过递给他们一些可以看的资料或者一些能够让他们身体向前倾的东西，来打破他们的防御性肢体语言。

◎ 如果想要呈现有影响力的感觉，那么就试着占据更多空间（比如把自己当作大猩猩），并且保持镇定（采用一个高贵的姿态）。

◎ 去除语言和肢体语言中对别人的安抚，比如点头或者不停地说“嗯”。

The

PART 3

各种情境下如何展现魅力

Charisma

How Anyone Can Master the Art and
Science of Personal Magnetism

Myth

10

棘手情境，找到微妙的解决方法

我的客户告诉我，在大多数情况下，他们在日常和商务交流中运用魅力技巧时都取得了非常好的效果。然而，你大概也想得到，某些棘手的情况可能需要一些更微妙的解决方法。在这一章，你将学习如何处理以下情况：与不好相处的人相处、传达坏消息或批评、用最有魅力的方式道歉等。事实上，这些状况一旦应付得当，双方的关系不仅不会被破坏，反而会更融洽。

与难相处的人打交道的 4 个妙招

有些人非常难相处：有的自我膨胀，有的非常苛刻，还有的总是喜欢故意跟人对着干。多数情况下，这些人很少会支持你。本章将教会你如何卸下他们的心防，让他们站在你这一边。

彼得是一家全球知名的专业服务公司的董事长。当他来找我的时候，他的魅力已经足以使许多高管嫉妒了。但是彼得遇到了一个非常特殊的挑战：他希望把公司转到一个新的方向上。

“这就像在赶猫一样。”某天早晨，我们坐在一起交流，他嘟囔个不停。他的提案如果想要通过，必须获得公司全球董事会 8 名成员的全数支持。他告诉我，这 8 个人每一个都是“超级自大狂，个个张牙舞爪”，而他只有一次机会：即将到来的全球董事会议。彼得不想失败，所以他调整了所有的行程，飞到纽约来找我。

他问我：有什么神奇的魅力技巧可以赢得整个董事会的支持？

第一招：厘清对象，逐个击破

我给彼得的第一个建议很简单：不要妄想一次就战胜他们。

每当别人看到你，他们对你的看法都经历了层层筛选。筛选标准多种多样，从他们的心理状态到他们的个性和文化背景；反过来你对他们同样如此。如果你想要施展魅力来应付一群人，实际上非常困难，因为你必须要考虑每一个人的背景。除非你是站在舞台上：在镁光灯下，不利因素是可以消除的。但在一般情况下，如果你想要应对一群难缠的人，那就只有逐个击破，这样才能提升成功概率。

于是我和彼得为每个国家的首席执行官各自制订了一个说服策略，针对每一个人单独会谈。这样，彼得就能针对每个人的不同情况，来选择恰当的魅力风格。正如我们在第 6 章所看到的，合适的魅力风格的基础是你的性格、所在情境、目标以及你要面对的人。

在某一种情境中可能需要使用焦点魅力，尤其是当你遇到了特别需要被倾听和关怀的对象时。在彼得的案例中，西班牙分公司的负责人感到不公平，他认为他的意见没有得到董事会其他成员的重视。他不赞成彼得前段时间在公司内部以董事长的名义发送的电子邮件，他希望彼得知道他对这件事情的看法。“他想要发泄心中的不满，”彼得说，“这时候使用焦点魅力就是最完美的了，这会让他感到自己被完全倾听、关注和理解。此后，他就更愿意接受我的建议了。”

在其他情况下，可以使用权威魅力或者愿景魅力，比如当人们感到不确定，希望寻求一个清晰、令人信服的愿景的时候。在彼得的案例中，阿根廷分公司的负责人感到极大的不确定性，因为他的国家正面临着严重的经济和社会危机。彼得告诉我："他们把能用的方法都试过了，但都没有用。"针对这个情况，彼得主要运用了愿景魅力，提出了相应的战略计划，让公司高层有稳固的框架可以依靠，同时给予他们一套清晰的行动指导方针。

一旦你明确了谁是你必须说服的对象，判断出对于他应使用哪些魅力风格，就可以采用下面的方法去获得他们的支持。

第二招：让他的帮忙合理化

为了赢得竞争对手的支持，本杰明·富兰克林最常用的方法不是去帮助他们，而是向对方寻求帮助。富兰克林曾经写了一张纸条给他的竞争对手，说他听闻对方有一本珍贵的好书，希望能够借阅几日。那位绅士答应了这个请求，富兰克林也按照约定如期归还，并写了第二张纸条，表达赞赏和感谢。

在他的自传里，富兰克林讲述了这件事情的后续发展："当我们在国会再次相遇的时候，他竟然主动找我讲话，这在之前从没有发生过，而且他非常地客气。自那以后，他在各种场合都非常乐意帮助我，我们成了终身好友。"

这就是著名的富兰克林效应。自从把书借给了富兰克林，他不得不去做出新的判断：是让自己变成一个前后不一的人（帮助了竞争对手），还是合理化自己之前的行为。"我对这个人做了一些好事，看来我是喜欢他的。我不可能为我不喜欢的人提供帮助，这样就太不可思议了。"这个技巧使对方合理化了自己帮助富兰克林的行为。

那么，如何运用这个技巧获得别人的帮助呢？一个方法就是请求对手的帮助。更理想的方法是，向他们索要一些并不会让他们付出太多的东西，比如观点。询问别人的观点比向对方寻求建议要好得多：建议需要消耗更大的精力，因为他们需要针对你的情况量身定制；相反，观点只需要对方滔滔不绝地说出来就可以了。

最重要的是，人们会因为曾经帮助过你而合理化对你的好感。因此，找到一些方法来提醒对方他曾帮助过你，并表达感激和欣赏之情，高度称赞他们的选择和努力。如果他们曾经为你做过背书，那就大声称赞。这会让对方合理化自己的行为："哇，我全力以赴帮助过这个人，我一定非常喜欢他。"

第三招：表达感激

1936 年，戴尔·卡耐基写了一本经典的著作《人性的弱点》。虽然书中的具体技巧现在已经不太适用，但一些基本原则仍然有效。就赞美而言，卡耐基的良言在今天同样适用。他写道："我们都渴望真诚的欣赏。这是人类永远追求却又始终不满的欲望，能够满足它的少数人就有办法让对方言听计从。"

卡耐基这条简单的建议最近得到了科学研究的支持。的确，人们都喜欢被赞美。根据凯瑟·祖玛（Keise Izuma）的研究，当我们听见电脑对我们说"做得好"时，大脑的奖励区域就会被激活，这和人们中奖时被激活的脑区一样。

最有效且最真诚的赞美是那种针对个人的具体赞美。比如，除了"做得好"，你还可以说"你做得太棒了"，或者更好的说法是"即使客户那么让人烦躁，你还是能够冷静应对，真让人刮目相看"。**你表达的赞美越多，对方越会感知到他们对你的影响，他们就会越喜欢你，越觉得对你的成功有所贡献**。这种我成就了你的意识让他们也得到了某种回报，从而使他们更加认同你、接受你。因此，为了确保你的成功，请让他们承担更多责任。

让人们合理化对你的帮助是非常经典的营销手法，商业航空公司经常使用它。

当航班降落到目的地时，机长或者乘务员常常会感谢旅客："我们知道您有很多航空公司可以选择，非常感谢您选择和我们共度您的旅行。"他们的这番感谢辞提醒我们还有其他选择，但是我们选择了他们。结果是什么呢？我们将会怀着更大的好感来审视这家航空公司，因为我们不喜欢否定自己的选择。还记得约翰·肯尼思·加尔布雷思的话吗？他说，人们宁可相信自己的选择是对的，也不愿意去证明自己的决定有错。因此，大多数人会更开心地去接受自己选择这趟航班是个正确的决定。

提醒人们他们是有选择的，而且他们选择了你、你的公司、你的服务或者你的建议，这是最有效的让别人支持你的方法，尤其是在事情变得棘手、有人开始抱怨的时候。而且，这个过程反过来也依然适用：尽量避免让对方觉得自己错了。如果一个人觉得他们伤害了你，他们也会设法合理化自己的行为，他们会说服自己这样做是公正的。他们不想承认自己是一个坏人，因此一定是你有错在先，才让他们这样对你。很少有人会责备自己，不管自己是否做错。即使是臭名昭著的匪徒阿尔·卡彭（Al Capone），也视自己为大众的恩人。

你不仅可以将合理化的方法应用在自己身上，而且可以用于宣传你的理念。让别人觉得他们影响了你，从而使他们产生一定程度的所有权意识，然后本能地去支持你。向他们展示，由于他们的参与、行动以及建议，事情得以改变，并产生重大影响。**一旦我们创造了改变，就等于创造了影响力。**

更好的做法是让对方知道，某个计划之所以会产生，是因为受到对方过去行为的启发，比如类似的想法、项目或者提议。

在彼得的案例中，他对法国分公司的负责人就用了这个方法，他强调自己今天的这个想法不仅和法国分公司的提案有相似之处，而且受到了他们的启发。

第四招：不做无防备之战

对于所有的有害物质，要尤其“小心应对”有害的人。这不是针对他们，而是针对你自己。与很难相处的人相处时，就像遇到敌人一样，因为他们随时可能会激活你的压力系统，使肾上腺素流向你的全身，甚至有可能会要了你的命。

杜克大学医学中心精神病学教授雷德福·威廉姆斯博士（Dr. Redford Williams）花了 20 多年研究心理和情绪对健康的影响。“愤怒就像小剂量的慢性毒药。”他总结道。它导致血压升高和动脉损伤，并刺激充满胆固醇的脂肪细胞进入血液。简单地说就是，敌对情绪很容易损害你的健康，除非你知道如何处理它们。

为了防止压力激素充满你的身体，影响大脑的正常运转，进而让你表现出消极的肢体语言，你可以尝试让催产素充满你的身体。**与难相处的人打交道时，你必须使用同理心，并且维持在这个状态中。**你可以运用第 5 章学到的关于如何提高同理心的工具。你也可以试着去想象，这个人极有可能也非常厌恶他自己。难相处的人，他的心境一定是糟糕的，这正是他们非常难相处的原因。如果他们的心里充满爱与和平，就会散发出温暖来。敌意只是内心慌乱的外在表现。

如果你想要快速激发自己的同理心，可以考虑重塑现实。想象一下，几个小时前，他们看着心爱的父亲或母亲过世。记住，你这么做，不是为了他们，而是为了自己。这样做可以降低你体内的“毒素”水平，让你没有那么沮丧。总之，当你觉得沮丧时，可以试试这个方法来提升同理心。

进入同理心状态可以帮助你保护自己的心理和情绪状态，也让你拥有正确的肢体语言。如果你正处于敌对状态，一切都会写在你的脸上。相反，同理心会帮助你进入协作心态，它除了会让交流更容易，还会让你展现更多友好的肢体语言。这就是友善魅力可以帮助你在应付难相处的人时那么有效的原因。

玛丽亚是一位刚从麻省理工学院毕业的学生，最近刚刚加入了波士顿的一家公司。她对我说，她运用了不少技巧来减轻自己对两位同事的不满。“他们都是好人，但是他们的行为着实让我气愤。因为他们不肯道歉，所以我的怨愤越来越大。”她没有信心得到对方的道歉，但不能任由愤怒情绪持续存在，毕竟她还需要和这两个人一起工作。

玛丽亚开始通过写解压信来消化这件事情，她在信中详细描述了整个情况，同时她也想象对方写下了道歉信。她说：“写下这封信，同时接到他们的道歉信，让我释怀多了！我意外地感觉非常满足，真正感受到那股怨恨烟消云散了。”

第二天，她在团队会议开始前的一小时里，又重新读了一次道歉信，并且运用放大技巧，从全局的角度来审视此事，感受这件事情是多么渺小。最后，她用视觉化想象的方法构建了一个胜利的温馨时刻。她还告诉我，在会议上她想象那两位同事长着天使的翅膀，这非常有效。“我本来只是想测试一下这些方法，但它们太有效了！我只能说这种感觉非常好，只能意会，不能言传。而且，现在我也感受到了自己能够呈现有亲和力的自信，这太棒了。”

现在，让我们再看看彼得。在9月初，他见了每一位董事会成员。他对每个人都用了不同的魅力策略，他告诉我：“他们看起来似乎都很支持我。不过，我也有可能判断错误，谁也不知道会议上会发生什么。”彼得考虑得非常周到，在会议前的几个小时里，彼得只在行程中安排了有助于强化魅力的活动，并使用了前文提到的热身工具。在会议开始之前，他又花了15分钟的时间，让自己进入魅力心境。

他后来告诉我：“当我进入会议室的时候，我感觉自己充满了自信和亲和力，我感觉相当镇定，这太不可思议了！”结果证明，所有分公司的负责人都相信他能够带领公司前进，现在要做的就是支持他一起去推动整个方案的落实工作。

调用友善魅力，学会换位思考

以下这个案例很稀有，因为我同时听到了双方的观点。

一个夏日的午后，沙维尔在开始培训前向我提出了一个请求："我几个小时前收到了一条语音留言，它一直困扰着我。您是否可以听一下，给我一些建议，让我在回复电话前进入更好的心境？这个留言来自苏珊。"

苏珊在留言中说："沙维尔，我想和你谈一下你的备忘录信息。我有个坏消息要告诉你，也许我不该这么说，但是你可能会觉得受到侮辱，我向你保证我的本意并非如此。方便的时候请给我回个电话。"

你可以看出苏珊这则留言中的问题吗？

◎ 首先，她创建了一个充满负能量的联想：她的信息从头到尾都让人觉得不愉快。

◎ 其次，她掉入了白色大象的陷阱。她想要告诉沙维尔"不要"有受到侮辱的感觉，但由于我们的大脑根本无法处理这样的信息，所以现在沙维尔的大脑中印象最深的词就是"受到侮辱"。

◎ 最后，苏珊的信息非常不清晰，这让沙维尔的心里开始想象最糟糕的情况。大脑是非常倾向于关注负面信息的，当我们听到"这是个坏消息"时，我们的大脑会自动开始思考最坏的情况是什么。

苏珊也是我的学员之一，我见到她后便立刻对她说："把你自己放在沙维尔的位置上去思考一下。如果是你收到一条坏信息的语音留言，对方告诉你可能会受到侮辱，信息还模糊不清，你会怎么样？你这样做也许是想要引起他的注意，但是从那时起，你觉得他会把你和什么情绪联系在一起？每一次他看到那条留言，就会想到这是个坏消息，会有被侮辱的感觉。这是你想让自己留给沙维尔的印象吗？"

也许，面对棘手的对话的时候，你没办法每次都去选择时间和地点。但是如果你可以，就要尽可能去考虑这两个因素。在你拿起电话前或者和对方坐下来交谈前，花一点时间想象一下，对方正处于什么样的心境。

如果你知道他们在过去的 24 小时里，刚刚经历了非常艰难、压力重重或者令人疲惫不堪的事情，那就多等待一天。我分别有过在状态非常好的时候听到坏消息，以及在劳累、生病的时候接到坏消息的经历，尤其是后者，坏消息几乎让人无法承受，一点小事都让人“压力山大”。

在宣布坏消息之前，也需要考虑一下周围的环境，因为人们很可能把他们的情绪体验连接到周围环境上。所以，尽可能挑选舒适的环境。不要试着在一个嘈杂的环境里，比如机场或者火车站，进行棘手的对话。

你要尽最大的可能去提升对方的舒适度。你甚至可以使用一些道具。你有没有注意过，有些人非常喜欢在交谈时把玩自己的手或者衣服？比如，当他们在棘手的对话中或者很难表达自己的时候，他们会不停地摆弄自己的袖扣。他们会下意识地去寻找一个物件来把玩，这样可以帮助他们分散身体的不适感，更好地专注在思维里。所以，你可以让他们更容易找到把玩的物件，从而在和你的对话中感到放松。他们甚至不会意识到发生了什么，他们只是觉得这场互动变得更加容易和轻松。

在和别人见面的时候，我总是会准备培乐多橡皮泥供对方把玩。在谈话对象天性害羞或者对话本身非常棘手的时候，这非常有用。交谈中，每次看到他们一感到尴尬，就把注意力转移到手中的橡皮泥来缓解紧张不适，我就会觉得这个办法太有效了！

蜡烛和壁炉火光也会有同样的积极效果，可以帮助分散对方的注意力。这就是为什么它们常常出现在浪漫的场合里，因为它们是舒适和放松的关键。那些不断晃动的元素让人觉得有一些事情正在发生，他们可以把自己的注意力适当分散一下。

背景音乐也可以起到同样的效果。

当你准备要传递不好的消息时，你的肢体语言非常关键。比起用消极的肢体语言去传递正面信息，用积极的肢体语言去传递负面信息的效果会更好。在有压力的情况下，你的肢体语言比你说了什么更重要。一旦压力系统被激活，大脑中更原始的那一部分就占据了主导地位，它无法理解任何词语和想法。但是，肢体语言可以直接影响它。

恰当传递坏消息的肢体语言就是在传递有亲和力的感觉：关心、关注、理解以及同理心。最重要的是，尽可能多地呈现出你的友善魅力。信息越糟糕，就越要让对方感到你是真正理解他们的，你和他们在一起。这时候，友善、同情心和同理心等心理工具就应当用起来了。

◎ 首先，将自己调整进入正确的心境。用肢体语言表达你的同情心。

◎ 设身处地地为对方着想，生动地想象细节：对方的脑子里在想什么，他们的生活是什么样的。

◎ 把自己和对方都想象成长着翅膀的天使，你们在共同完成一项使命。

◎ 专注于富有同情心的话，比如“无论你在哪里，都尽可能地去爱”。

◎ 试着用你的面部表情、声音、语言来表达同理心。

如何选择恰当的口头语言传递坏消息，取决于你要传递什么类型的坏消息。在大多数情况下，你可以按照第 8 章给出的建议：让消息尽可能与对方相关联，使用他们的行话、类比或者比喻的方式。如果你要向一群人传递信息，那就可以看看本书第 11 章的演讲技巧。

在整个互动过程中，确保你同时用语言和非语言的形式来表达你的关心和关注；如果合适的话，也可以问问对方，你接下来可以做什么来缓解他们的不适。你可以告诉他们，你完全理解这个信息的糟糕程度，也知道它对他们造成了伤害。

在整个过程中，你不仅要向他们传递友善魅力，而且要向自己展现。你可以运用已经学到的调整心境的所有工具来处理这个棘手的情境，同时不断表扬自己、鼓励自己，因为你已经拼尽全力。

4 步帮你有魅力地传递批评

“诚实的批评让人最难以接受，尤其当来自亲人、朋友甚至陌生人之口时。”幽默大师富兰克林·琼斯这样评论。你有没有过这样的经历，回忆过往别人对你的一句评价时依然感到不舒服？很少有事情能像批评那样令人印象深刻。

对我的很多客户来说，在工作中他们不得不经常表达负面反馈。很多人告诉我，当要传递批评时，他们会对即将面对的交流感到害怕，胃里都会感到不舒服。

然而，批评与牙齿检查、机场安检、税务审核一样，是不得不面对的魔鬼。你也许不喜欢，但有时候你不得不去做。在你生命中的某一刻，某个人可能会做错事，他可能是你的父母、配偶、朋友、同事或者老板，然后你不得不去告诉他，他做错了。但是，怎么做才是正确的呢？

以下 4 个步骤可以帮助你有魅力地传递批评。

第一，考虑好时间和地点。在考虑的时候尽可能运用同理心。考虑对方的压力和疲劳程度。在批评或者提建设性意见的时候，尽可能在你发现问题的当下就说出来。在你提出批评时，先确认对方的身体和情绪都处于能够接纳的状态。

第二，让自己进入正确的心境，保持同情心和同理心。是的，即使在传递批评的时候，同情心也可以融入你的肢体语言中，在整个互动过程中产生积极的影响。亲和力在这里也非常重要，友善魅力或者焦点魅力可以缓和整个氛围，权威魅力在这里则会让情况更糟糕。

当人们感觉你是真正关注他们的利益时，整个形势都会改变。来自洛杉矶的高管克里斯告诉我，他的前老板是一位让他觉得真心关注他职业生涯的人。这位老板每次指出克里斯需要改进的地方时都会提醒克里斯，他这么做是为了让克里斯尽快晋升，这也是他指出问题、希望克里斯更好的原因。

要想进入正确的心境，你也可以试着在批评前把对方当成一位你非常尊敬的人，比如你的祖父母、导师、精神领袖或者一位对你非常重要的人。想象自己要给这些人建议或者在他们面前提意见，你会怎么去措辞。你发现你的意见发生什么变化了吗？试着在对话期间不断提醒自己或者想象，一位你尊敬的导师正在一旁看着你。

第三，明确你要表达的观点，而且要具体一些。专注几个核心要点，而不是列一个详尽的表单，这样做才不会让对方感到惊慌失措。此外，如果你的批评太宽泛了，他们大脑中的危险探测器便会往最坏的方向来解读你的信息。

第四，对事不对人。尽可能让对方知道，你的批评对事不对人。如果对方觉得是自己的意图或者性格遭到批评的话，那你们之间就很难达成共识。千万要谨慎对待，不要觉得自己已经推算出对方的动机，而是要仔细观察对方的行为和已验证的事实。

即使是批评对方的行为，也要尽可能保持客观。最差的表达方式就是："为什么你总是这么拖沓，每次都要到最后一分钟才给报告？"这种说法既针对个人，又十分笼统，此时不如把所有的焦点都放在观察到的行为上："如果你等到最后一分钟才交报告，我就会感到十分焦虑。"毕竟，是我们在自己的身体里创造出了焦虑的感觉，是我们自己想焦虑的。如果可以的话，根本不要去提及他们的行为，只说明你的感受："我如果在最后一刻还没有看到报告，内心就会无比焦虑。"

批评的技巧

现在你已经用心选择好时间和地点了，并且选好了富有同理心的措辞，你已经准备好迈出第一步了。你的第一步将决定对方对这场谈话的接受度。

人们总是会记住“第一次”，比如第一次发生的某件事或者一段经历的开端。当然，我们也同样倾向于记住“最后一次”。

在一项研究里，患者们接受肠镜检查。第一组人用了 3 分钟做检查。第二组人做了 5 分钟，在多出来的这两分钟里，设备保持不动，因此在结束时，疼痛度降低了很多。与第一组人相比，第二组患者认为肠镜检查没有那么痛，而且他们更愿意再接受一次这样的检查。

如果你的批评从一个积极的地方开始，它对接下来整个谈话的体验都会有很大的影响。在初始阶段，如果对方感到忐忑不安，他们最需要的就是安抚。此时，你要稳住他们，告诉他们你很重视他们，你尊重他们的个人价值，他们对你来说是同事和顾客。

一旦他们听到你认同他们的价值，就会更容易接受你的意见，从而放下心防。放下心防这一步可能是最重要的，因为防备心通常是恐惧和缺乏安全感的表现。

例如，一位同事总是拖延。与其直接指出他的问题，不如试着先认可这位同事的贡献。这样，他就会觉得自己的工作得到了公平对待，同时觉得现在的差错只是一时的，自己的其他表现都比较良好。

一旦你开启了积极的话题，就可以提出想要解决的真正问题。告诉对方，你最想从他们身上看到什么，最不想看到什么。教师们在接受培训的时候，会学习“不要说不要的原则”。如果他们在课堂上说“不要把豆子放进耳朵里”，那么他们可能会发现，有一半的孩子会立即把豆子放进耳朵里。

当你告诉批评对象，你想要看到他们的改善时，同样要对事不对人。与其说“你可不可以早一点把报告准备好”，不如说“如果以后你的报告可以提前几天准备好，我会非常感谢的”。这样做就不是在直接讨论对与错，而是专注在你们两个都接受的行为上，避免争论输赢。

正如与不好相处的人打交道那样，提出批评时，尽量避免让对方觉得他们是错的。就算知道自己不对，他们还是会努力为自己辩护。他们会觉得伤了自尊心，内心会生出怨恨，于是他们会诋毁你，从而减轻自己的罪恶感。

传奇外交官本杰明·富兰克林在他的回忆录中承认，自己吃了很多亏才学会这一课。年轻的时候，他曾因为发现对手的错误，认为自己有权力去指出，所以在还没有查明事实之前，就咬定那位男士是错的。他表达了自己的观点，却换来了一辈子的敌人。后来，富兰克林明白了，为了一时之快而换来长期的负面结果实在不值得。从那时起，他决定“避免因反驳他人而带来的快乐”。他开始这么想：在某些情况或环境下，他的意见可能是正确的，但在目前的情况下，提出批评似乎有些不妥。

你也可以采用类似的方式：“我的解释可能不到位，但让我试一次。”此时，你选择了最直接的方式。做一个有魅力的沟通者意味着，人们和你在一起的时候感觉良好。这意味着别人会期待和你在一起，因为他们在你身边时，变得更喜欢自己了。

同样，批评时肢体语言也很重要。除了语言，你还可以用眼神、语气或手势告诉别人，你认为他们做错了。你得学会利用我们教授的各种工具，保持内心平和，充满善意。这样，肢体语言就会自然而然地流淌出来。

在困难的对话中，对对方发出的任何一条信息，都要保持高度警惕，注意对方的戒备心有没有在升高。一旦你感觉到他们的表情、肢体语言或语气进入戒备状态，就立刻释放你的亲和力，将他们带入积极的心境中。下面有两种方法你可以尝试：

◎ 语言：鼓励积极的心理联想。例如，和对方交流过去他们做得非常好的地方或者是当下让你非常赞赏的地方。

◎ 非语言：利用肢体语言去影响对方。进入友善的心境，并在表情上流露出来。于是，他们大脑中的镜像神经元会去复制在你身上看到的情绪，从而使他们的心境和情绪也变得更为积极。

谈话结束时，如果可以的话，就用积极的方式来结尾。请牢记，开始和结尾十分重要，它们可以为整个沟通质量加分。因此，以下 3 个要点值得关注：

◎ 展望下一步：回顾一下那些能改善现状的做法，特别是需要你和对方共同去做的，并给出积极向上的情绪。

◎ 感激：告诉他们，你十分感激他们能够接纳你的意见。赞美他们的努力，哪怕只有一点点，并表述你将尽可能给予帮助，从而使他们进步。

◎ 积极的未来：提出一些你们双方在未来都非常期盼的事情，比如某个令人兴奋的活动、即将到来的项目等任何你可以期盼与对方有更多交集的事情。

学会道歉，过失也会成为机遇

假设你搞砸了事情，比如不小心点了“回复所有”、忘记检查数据、让小狗吃掉了家庭作业，等等。糟糕的事情总会发生，无论错在谁，总会有人认为这是你的错。不要害怕！只要处理得当，就算是令人尴尬的失误，也可以化解。

两个人之间的分歧或冲突其实也可以帮助你们改善彼此的关系，将坏事变成好事。如果一段关系从一开始就非常顺利，我们心里反而会有些担心：到目前为止，一切都进展顺利，以后万一有变故了，怎么办？如果你有过化险为夷的经验，就会知道你们的关系能够经受得住考验。

我的一位早期客户分享道，他对一些小错误会保持开放心态，尤其是在业务关系的早期。他说："大部分人都不擅长道歉，如果你可以做到，哪怕只做到一半，就会超过大部分人。"另一个企业家告诉我："我有一个很好的方法，可以让我把搞砸了的状态变成积极向上的心境。"接下来，让我们一起来看看你可以如何有魅力地开始、处理和结束道歉。

首先，一如既往调整到正确的心境。这意味着要先学会原谅自己，这是最重要的。是的，我是认真的。虽然听起来有悖常理，哪怕你真的犯错了，但你一定要这么做，才能避免负面的肢体语言，从而防止事情向更糟糕的方向发展。原谅自己可以最大化地帮助你调整声音、姿势或者面部表情，所以试着利用一下之前我们学到的工具，并把自己放置在自我同情的状态中。

原谅自己并进入良好的心境，也可以避免让自己表现得过于自责、屈从或者缺乏安全感。积极的心境可以带来自信，让你表现出亲和力和忏悔之意，并让你看起来充满力量。

现在，你的心理状态调整好了，让我们一起来面对他人。你犯下的错误越严重，就越要努力去忏悔。为了让对方能够原谅你，你必须让他看到你脸上的忏悔，至少是听到你忏悔的声音。

由于我们的沟通大部分都是非语言的，所以你在道歉的时候，除了语言，还有许多其他方式，比如身体姿态、面部表情、声音语调、措辞方式等。如果通过电话道歉，你只能用声音和措辞来表达；如果是用电子邮件道歉，你可以选择的工具就更少了。

从另外一个角度来看，有些人觉得应对这种困难情况需要保持一定的距离，所以用文字的形式会更好。文字沟通的特点在于，你可以花上数小时去考虑措辞，找到最好的表达方式。文字表达也是一种强有力的表达方式，因为它可以永久保存，同时表达出你愿意承担责任的态度。

在这个情况中，我们有很多增强魅力的技术工具可以使用，那么怎样选择最恰当的工具呢？这与你的喜好相关，与你要沟通的对象的喜好相关，也与逻辑、时机以及背景相关。

让对方有机会说话

无论你是面对面还是打电话道歉，最重要的就是让对方有机会说话。要做到这一点，最简单、有效的方法就是倾听：向他们完全展现焦点魅力。做到这一点并不容易，因为对方表达的每一句抱怨都有可能激发你内心的千层浪，让你的内心有无数的反对声音冒出来。但这时，千万不要打断对方，这是非常不明智的。不管你多优秀，无论你多有理，打断他只能让他感到自己被轻视，而感觉不到你的接纳和理解。

当你在倾听的时候，请保持全身心地存在，尽量避免在内心琢磨待会儿该如何回应。相反，集中全部注意力，关注对方究竟在抱怨些什么。提一些问题，确保你理解了。如果对方说“我对这次会议的进行方式不满意”，你就试着问：“你可以再说得详细一些吗？我非常想进一步了解，会议的哪一部分让你觉得很不舒服，是人、时间还是其他什么东西？”你也可以用自己的语言重新解读对方的抱怨。如果对方说“我是不是讲得太多了”，你就知道自己倾听得已经足够多了。

友善至关重要

在交流中，如果你想的是“让我了解你是如何看待的”，就可以改变整个结果。实际上，这非常简单，开放的心态能够影响你的声音、面部表情、措辞和身体姿势，同时对你们的沟通氛围也有巨大的影响。你的友善会浮现在脸上，体现在每一个微表情中。

你可以使用我们学过的各种工具，为交流的内容增加温度，同时呈现出你的友善魅力。记得将下巴轻轻下压，眼睛周围放松一些，温暖声音，降低语速，时不时停顿下来，让对方可以插话进来。

一旦你确定自己完全明白了他的抱怨，而且你也觉得错在自己，接下来就要准备一个真诚的道歉。出人意料的是，你的措辞可以非常简单，因为肢体语言才最重要。一句简单、专注、有亲和力的“我很抱歉”，效果超乎想象。

道歉的关键在于，给对方体贴、关注和个人的投入。比如，你可以体会一下“我感到非常抱歉”和“抱歉”这两者的不同。前者让你感同身受。真诚是其中的关键，你的道歉需要让别人听起来是发自内心的，而不只是为了让对方冷静下来。

你可以告诉对方，你很清楚自己的行为（或者没有采取行动）造成的直接后果及其后续影响。在商业活动中，你也要让对方知道，你已经意识到自己的错误对目标达成或项目成功的影响。然后，表示你会立刻修正这个行为，确保下次不再发生，并介绍接下来你会采取什么样的行动去尽可能修复错误。

即使是最出色的人，也会犯错误。但如果你把这些原则付诸实施，你的过失也会成为机遇。处理得好时，这些难以应付的互动也可以变成机遇，你们的关系也会更深一层。

特殊挑战：通过电话和邮件交流

就魅力而言，通过电话和电子邮件的交流来呈现魅力是一个特殊的挑战。显然，在这种情况下，大多数非语言交流不再存在。打电话时，你失去了所有视觉沟通的辅助；发邮件时，除了遣词造句，你失去了一切。此外，电子邮件是不允许你在得到对方的回复以后，重新去更正之前的内容的。

尽管如此，主要的沟通原则依然有效：考虑好时间、场合以及对方正处在什么样的情境中。按最不重要到最重要的顺序安排电子邮件和电话，从而得以不断练习。在打电话和发邮件之前，你也可以使用视觉化想象的方法，把自己带入正确的心境，这样合适的用词和语调就会自然流淌出来。

打电话的时候，开始前先问："现在方便接电话吗？"然后再进入交谈。无论你的信息多么重要，无论你带来了多么愉快的消息，时机不对，结果也就不对。因为你不知道对方是否正在赶截稿日期或正处理危机事件。

一旦开始谈话，就要全身心投入进去，仿佛你们面对面交流时那样专注，甚至你要更专心地去聆听，因为这时候你几乎没有什么视觉线索（比如肢体语言）可以帮助自己去解读对方。你要专注并保持安静。你觉得你可以一边打电话一边吃东西、喝水或者用电脑吗？吃喝绝对不可以，虽然你认为自己非常小心，但人们还是会听到你咀嚼和吞咽的声音，因为接听器是专门用来扩大声音的。只要你在打字，对方就一定能够听到，并且会猜想你的注意力在哪里。

此外，一边打电话，一边阅读电子邮件或者浏览网页也是不可取的。很多时候，这会让你的反应慢半拍，让你的声音听起来像是在神游。

延后的声音反应就像脸部表情慢半拍一样，如果你走神，别人就会觉察到你分心了。因此，打电话也要像面对面交流时那样，让对方感受到你的存在。事实上，面对面的沟通更容易，因为你有很多种交流方式，所以打电话时，你需要更专注，确保自己能接收到所有信息。

麦克斯办公用品公司（OfficeMax）创始人迈克尔·福伊尔（Michael Feuer）说，为了在沟通中更专注，他总是在倾听的时候闭上双眼。这是多么好的一位倾听者，即使在电话里，我仍然能感觉到他在全神贯注地倾听，也能感受到他理解了我说的一切。

要想达到打电话的最佳效果，你可以站起来，远离所有让你分心的东西。保持站立或四处走动，从而让你的声音听起来更具活力，这样你可以更专注于电话。就像演员给木偶配音演戏那样，你也可以采用面对面讲话时的肢体语言技巧。演员们都知道，这样做可以加强声音的感染力。前面提过，对微笑的研究表明，人们仅仅只是听声音，就可以感受到16种不同的笑容。

打电话的时候，仔细聆听对方说了什么，同时注意听他的背景声音。如果你听到他还有其他电话要接，不妨问他是否需要接听，并告诉他自己不会介意，他会非常感激你的包容。你当然也不会希望和一个这样的人交流：他一边和你打电话，一边猜想另一个电话是谁打来的。

关于打电话时如何施展魅力，这里有一个具体案例，来自作家莉儿·朗兹（Leil Lowndes）。她说：电话交流的时候不需要热情或友善的态度，相反，要回答得简单专业。然后，在你知道了来电者的身份后，慢慢地通过声音融入有温度甚至有热情的表达。这个技巧非常简单、有效，能让对方感到自己受到了特别对待。我把这个方法推荐给了很多提供客户服务的客户，他们的客户满意度得到了显著提升。

在写电子邮件的时候，你可以使用过去学到的所有原则和工具。重新回顾一下你以前的电子邮件，里面出现了多少个“我”，“你”这个词是否要少很多？这些电子邮件主要谈论的是不是关于你的问题或者你的兴趣？想要改变自己的表达方式并不需要和你的本性作对（毕竟，我们的本能是关心自己），而是可以试着像往常一样写电子邮件，但完成之后再复制粘贴，把和对方相关的内容放在最醒目的地方，然后再发送出去。

你也可以把这个方法用在你的营销材料上，无论是你的网站、小册子，还是其他向世界表现你或你的公司的东西。为大公司提供咨询时，我经常请他们去浏览他们的营销材料，包括电子邮件。我让他们使用两支不同颜色的荧光笔，一支划出和他们相关的，另一支划出他们对潜在顾客说的话。如果第二种颜色并不占主导地位，他们就有问题了。

就像演讲一样，关注一下你写的句子的投资回报率：把电子邮件的长度和它的传递价值做比较。我给我的许多客户布置过任务：在发送电子邮件之前，先读一遍。他们必须尽可能地删除多余的话，直到删无可删为止。用《小王子》的作者安托万的话来说就是：完美不是加无可加，而是减无可减。

The 魅力聚焦 Charisma Myth

- ◎ 与难相处的人一对一打交道，针对每一个人和每一种情况，选择正确的魅力风格。
- ◎ 感谢别人的帮助或积极影响，这会让他们合理化自己对你的帮助。
- ◎ 传达坏消息时，让自己进入充满同情的心境，展示关怀和亲和力，注意时机、肢体语言以及口头语言。
- ◎ 批评别人时，让自己进入友善的心境，专注于改变具体行为的要求，而不是个人品质。
- ◎ 向别人道歉时，先听他讲完，以此展现自己专注当下；道歉时要带有亲和力，在如何改正错误或防止再次发生同类错误时显示你的影响力。
- ◎ 使用电话和电子邮件沟通时，使用所有你学到的面对面交流时的技巧。

11

完美演讲，让观众成为主角

The Charisma Myth

How Anyone Can Master the Art and Science of Personal Magnetism

此时，正是戴维事业成败的关键时刻。6个月前，他加入了一个新公司，尽管他尽全力证明自己的价值，可是同事们仍然没有接受他。招聘戴维进来的首席执行官非常相信戴维的潜力，决定给他一个机会。他任命戴维为项目主管，这个项目对公司的发展至关重要。戴维将向整个高管层展示他的项目计划。他知道自己只有这一次机会，于是来找我，他问："用哪一种魅力风格更好呢？我这次必须表现得完美。"

在富有魅力的公众演讲中，你要综合运用多种魅力风格。在本章，你将学习以下3点：

◎ 运用愿景魅力，呈现鼓舞人心的演讲；

◎ 运用权威魅力，获得听众的注意力和尊重；

◎ 运用友善魅力，与观众建立连接。

无论是给几个人还是一群人演讲，以下建议都会有所帮助。事实上，当你想激励、影响或说服的目标只有一个人时，这些方法更加有效。所以，无论你在会议上发表演讲，还是在向老板阐述新点子，下面的技巧都可以很好地帮助你架构演讲稿、选择合适的措辞、完善演讲技巧，从而打造充满魅力的演讲。

架构内容，争夺注意力

对我们大多数人而言，演讲是为了说服别人相信某事：某个想法、某个倡议或者某个行动方针。我们可以为之匹配一系列魅力技巧，但一切都始于对我们说服对象的了解。

《纽约时报》是美国最好、最有公信力的报纸之一，它的语言非常简单，即使十年级的学生也能看懂。该报的读者主要是接受过高等教育的企业高管、成功的企业家以及首席执行官，但是编辑们知道，他们的读者经常同时在思考 6 件事情。

你也经常会和注意力匮乏的人交流，他们几乎没有足够的注意力可以放到你要说的内容上。在架构内容的时候，如果你牢牢记住这一点，在设计讲稿的时候就会比 80% 的演讲者更有效率。

假如星期三下午 4 点，你要发表一个演讲。你的听众可能从起床到现在，一直在不停地思考、行动、交流、处理各种问题。此刻，无论他们脑子里想的是什么，那些问题都不可能因为要听你的演讲而奇迹般地消失。它们会一直停留在他们脑子里，而你不得不去想办法争夺他们的注意力。

首先，尽可能地选择最重要的观点来传达，并让这个观点像水晶般清澈透明、容易理解。最理想的就是把你的观点用一句话表达出来。

其次，用 3 ～ 5 个主要观点来支撑这个主要核心观点。人类的大脑习惯于 3 个一组的思考方式，从奥林匹克奖牌到童话故事，它们都是 3 个奖牌、3 个公主或者

3 只熊；超过 4，大脑就无法立刻理解了。[1] 此外，每一个观点的开场都应该运用有意思的逸事、有趣的事实、引人注意的数字、巧妙的隐喻、案例或者比喻。

故事对人的影响特别大。事实上，观众往往会首先记住故事，然后是故事中的观点。很久以前，人们已经把讲故事作为传递信息的一种方法。

为了让故事呈现出最好的效果，要选择听众们熟悉的人物，这样他们会觉得内容更加可信；同时，要让内容像好莱坞预告片一样有趣又简短。在演讲的时候，你要像娱乐圈里的人，试着让故事充满戏剧性。这样做其实是在利用愿景魅力，如果再配合其他魅力风格，你就会和观众的情感连接起来。

隐喻和**类比**可以有效地抓住听众的想象力，为了效果最大化，可以选择能吸引年轻观众的意象和类比。那些让我们不由自主称赞和惊叹的演讲，往往和我们的童年回忆有着密切联系。比如，如果你觉得客户群还有继续开发的潜力，就可以把自己的行为比作“赏金猎人”或“寻宝猎人”正在寻找“宝藏”。

即使是**数字**和**统计数据**，也要让它们个性化、意义化，并和听众产生更深入的连接。史蒂夫·乔布斯对这一技巧的应用相当熟练，他在为听众讲解 iPhone 的销售业绩时说：“目前为止，苹果总共卖了 400 万部手机，这相当于每一天卖出 2 万部 iPhone。”在介绍内存卡的时候，他的方法更好：“这张卡拥有 12G 的容量，这意味着，如果你的内存卡中装满了音乐，它们足够你听着往返月球一次。”

无论你用的是故事、案例、数字还是统计数据，在结尾的时候都要清晰地点明核心观点或者你希望观众下一步采取的行动。尽可能地简明扼要，让即使是同时处理多项任务的听众，也能清晰易懂。

---

① 超过 4 的话，我们的大脑就要采用另一种更慢的思考过程。这让我们花费更多时间去记忆，而且也容易遗忘。在面对 1 ～ 4 个项目时，我们可以快速、准确又自信地去记住它们，这被称为“感知”。而如果超过 4，我们做判断时的准确度和自信心会极速下降，回应的速度也会大幅度降低。

在整个演讲中，令人记忆最深刻的就是开头和结尾。与开场时强调气势一样，在结尾的时候要重现最初的气势。尽量避免以问答的形式收尾，因为在结尾时做问答很难让演讲引人入胜、充满力量。

就我个人而言，在我的正式演讲中，完全没有问答环节。主持人会和听众提前沟通好，在演讲结束的时候没有问答环节，所以唯一可以提问的机会是在演讲的过程中。这样的设置反而集中了观众的注意力，提高了他们的参与度，增加了整个会场的热度。

一旦你搭建好自己演讲的结构，就可以开始遣词造句了。第 8 章的内容可以帮助你更好地选择措辞：

◎ 演讲永远是关于听众的，尽可能多地用“你”，使用他们的词汇、他们的故事、他们的比喻方式：与高尔夫球员讲高尔夫，与水手们谈论船难。尽可能选择适合对方领域的动词：对于商人，可以常用“领导”或“创始”；对于工程师，可以用“建构”；对于艺术家，可以用“雕琢”。

◎ 图像化表达。大脑习惯于场景化思考，所以尽可能选择生动的富有感知力的词汇。

◎ 注意谈判：避免“没问题”的陷阱。

◎ 保持简短。对于每一个句子，都问自己：这个句子可以传递什么价值？即使是雕琢故事，给出的细节必须是加强理解或者娱乐化的。把它们做成预告片，而不是一整部电影。

设计得体的形象

你即将出现在镁光灯下，所以请仔细思考一下，你希望自己的衣服能够为你传递什么样的信息，是权威的、有影响力的还是有亲和力的，请记住社会心理学家们针对色彩进行的研究报告：

◎ 红色，代表热情和能量。穿红色的衣服可以唤醒观众。

◎ 黑色，呈现出严谨，你不允许别人说“不”。

◎ 白色，散发着诚实和纯洁。这就是很多人出庭的时候，经常选择白色衣服的原因。

◎ 蓝色，散发着信任。颜色越深，散发的信任度就越高。

◎ 灰色，代表中立，非常经典的商务颜色。

◎ 橘色和黄色都不推荐使用。虽然他们一开始很吸引眼球，可是很快就会让人感到视觉疲劳。

在这些准则的基础上，我的一个客户只要遇到难处理的信息，就会穿上海军蓝套装和白色衬衫，戴白色珍珠耳环（可能是因为珍珠看上去比较保守，所以看上去更具有可信度）。

为了更自信地出现在讲台上，并且做到轻松自如，你需要让自己的身体同步感到自信。确保没有任何东西会干扰你的行动、影响你的平衡或者让你感到不适。当你一个人站在台上面对一群观众的时候，想要感到完全舒适是不可能的。这就意味着，你的衣着要让你能够轻松呼吸，鞋子要让自己能站得稳。大脑的首要任务是确保安全，让你有能力从捕食动物那里逃跑或者能够保持直立地站着。如果它需要分心去管理你的呼吸或者平衡，那就意味着，你有一部分注意力是无法投入演讲中的，我们为什么要去浪费注意力呢？

反复演练，扔掉“刺激物”

著名喜剧演员杰瑞·宋飞（Jerry Seinfeld）第一次得到人生的关键机会——《今夜秀》节目的 6 分钟演出时，为了那 6 分钟，他练习了 6 个月。宋飞回忆道：“在那 6 个月的集训结束时，你可以扇我、摇我，甚至把我摁进水里，但我还是会完美地完成那 6 分钟的表演。”

魅力需要练习。即使是演讲大师史蒂夫·乔布斯，在重要的演讲前也要反复练习。鸭子在湖面上平稳地滑行时，水下的脚却在卖力地划水。同样地，要呈现一个轻松自如的演讲，不在背后下番苦工是不可能的。当一个演讲非常重要的时候，我会练习到让每一次呼吸都完美。达到一定的熟练程度后，我知道即使不用大脑，也可以依靠肌肉记忆形成条件反射。

如果这次演讲对职业晋升有巨大影响，就把这段演讲练习到仿佛它是你身上的一块骨头。这就像魔术师们常用的一个有趣技巧：闭上眼睛，在脑中过一遍演讲。

另外一个好方法是，对你的演讲进行录音或者录像，然后数一数，自己有多少不应该出现在演讲中的声音或者动作，专家们称之为“刺激物”。听众们会关注你的动作、声音和面部表情，这都是你和他们沟通的方式，这些会分散他们一定比例的注意力。从策略上来说，你必须注意自己的每一个肢体语言，减少没有必要的动作，避免浪费听众的注意力。

如果你录了视频，那就请 3 个人帮助你指出其中不必要的手势、肌肉动作等所有令人分心的地方。如果你是用录音的方式，那就将音频稿转换为文字稿，数一数其中有多少个“嗯”和“啊”。不要自己去做这些事，因为自己很难识别出自己的刺激物，而且这样做的费用也并不昂贵。

如果可以，最好在真实的观众面前进行一次完整的预演，哪怕只有一位观众。无论你准备得多么完美，在真人面前呈现与自己准备截然不同。

职业单口相声演员会在小俱乐部里先磨炼自己的表演，尤其是在测试新表演的时候，他们会选择一个风险相对低的环境。杰瑞·宋飞现在仍然这么做，他时不时会出现在纽约幽默俱乐部里，测试他的表演。

与喜剧演员们一样，你也需要一个地方演练你的销售演讲、剧本或者面试应答。你最好能找到与你的目标听众背景相似的人，无论是年龄、职业还是经历。如果时间紧迫，朋友或者家人也是可以的。

控场，让人印象深刻的 3 个技巧

有魅力的演讲者知道如何给人留下深刻印象，他们在舞台上行动自如，仿佛在自己的客厅一样。这就是所谓的“控场力”，掌握以下 3 个技巧，你就可以做到这一点。

首先，当你站立的时候，双脚与肩同宽，双脚站稳。比起重心在一只脚上，这样的姿势不仅可以让你感到自信，而且会让你看上去更加自信和稳定。舒展、稳定的姿势可以帮助你展示自信，做个“大猩猩”！

其次，练习的时候离开讲台。站在讲台后演讲会给人一种害怕冒险、喜欢躲在安全港湾里的印象。同时，这样的方式也会让演讲看上去非常平淡无奇。你可以想象一个无聊的演讲场景：演讲者站在讲台后面一动不动，用同一个声调在读自己的笔记。因此，在舞台上自如地移动吧，这会让你看上去更加自信、充满力量、魅力无限。

最后，找到合适的音量来展示自信。这很棘手，因为很大程度上，这取决于那一天你使用的麦克风和音响设备。你最好在发表演讲前，请一些人坐在房间最远处，配合你调整出合适的音量。

创造亲密感

富兰克林·德拉诺·罗斯福改变了总统的演讲方式。

在此之前，总统的演说一直是庄严、正式的。后来，罗斯福举办了自己的“炉边谈话”。突然间，总统的演说变成了温暖又亲切的谈话。现在，许多杰出的公众演讲者也非常擅长制造炉边谈话的气氛：无论现场有多少人，你都会感到是在和你说话。

炉边谈话是令人非常舒服的交流方式，可以创造出亲密感。你可以想象一下以下场景：坐在火堆边为好友们讲着故事，或者只是纯粹和一个人舒适地交谈。为了让你的朋友感到自己很特别，你可以把演讲变得像在分享秘密。

另外一种让人感到自己特别的方式是：当你漫步在舞台上时，和每一个听众进行 1 ～ 2 秒的眼神交流。这听上去时间很短，但我保证在这个演讲中，对方会有一直被关注的感觉。这么做非常值得。这就是那些有魅力的人是如何让你感觉他们仿佛只和你一个人在交谈的，他们让每个人都感到自己与演讲者建立了真正的连接。还有一个更简单的方法是，先和那些看起来特别活跃的人进行眼神交流，这些人会面带微笑、表明兴趣或者点头同意。

为了建立这种舒适和亲密的感觉，戴维（那位正准备关键演讲的新高管）打算重点突出亲和力。他巧妙地利用第 5 章的技巧，视觉化想象出天使的翅膀。他告诉自己，他要面对的那些人都是他的天使，大家会齐心协力地合作。他告诉我，这样做之后，一种温暖的自豪感油然而生，同时他发现自己对观众的好感度也在升高。

戴维还努力通过调整自己的声音起伏来加强说服力。同时，在他想要传递亲和力的时候，面带微笑；在他想要传达信任和权威时，降低语调。

演讲结束后，戴维打电话给我分享他的好消息。这次演讲取得了胜利，他成功地打动人们支持他，大家对他称赞不已。

停顿，呼吸，降低语速

在我人生第一次演讲的那天清晨，我醒过来，感到非常自信。那是一个非常简短的演讲，内容是鼓励我的同学们为当地的儿童医院献血。我的演讲安排在了全校会议开始的前 5 分钟，虽然我知道那天有很多听众，但是我想只是几分钟的开场演讲，应该不难。那时我 18 岁，在此之前从来没有面对过 1 200 个听众。我想："这能有多难？"事实上，我非常渴望站在镁光灯下，踩着阶梯，镇定自若地走到舞台中央发表演讲。

可在上台阶的时候，我感觉整个胃都在翻腾。站在最高一阶的时候，我的呼吸也变得困难了。当我转身面向听众的时候，感觉仿佛有一吨重的砖块向我扔来：满眼望去都是人，1 200 双眼睛看着我，我的大脑瞬间混乱。我几乎一口气说完了整个演讲稿。你肯定在想，这不是一个好主意。在我结束演讲的时候，我几乎看不到听众，灯光太刺眼了。直至今日，我都不记得自己是怎么走下台的。

在接下来的 5 年里，每次演讲的时候，我都会准备一个演讲大纲，并在每页纸的顶端，加粗、加大写着"呼吸"。即使是现在，当我准备一个新演讲时，我也会在每页给自己做一个提醒：停顿，呼吸，降低语速。

在舒适的家中或者办公室里，这么做可能没有必要，但站在舞台上，一切截然不同。在那一刻，肾上腺素冲进血管，你的大脑开始加速运转，周围发生的一些似乎都变成慢动作。大脑的运转速度越来越快，你的语速就会越来越快，但是听众的大脑只是以普通速度在运行。

除了不断练习，你还可以请一位听众给你示意，提醒你降低语速。关注自己的语速是非常值得做的事，你讲得越慢，声音就会越严谨、越从容不迫，人们就会越关注你所讲的内容。

在第一次的演讲中，我觉得如果自己停顿，就一定会失去听众的注意力。停顿是需要勇气的，但是，正像讲话需要停顿一样，演讲的过程中也需要时不时地停顿，这个技能也是很多高效能演讲者的标志，它对于完成一个优秀的演讲十分关键。通读自己的讲稿，有意识地从容自信地停顿，相信自己能够吸引听众继续听接下来的内容。这叫作戏剧化停顿，因为它带来戏剧化效果。

在讲完一个主要观点或者一则重要的故事后，停顿几秒钟让听众消化一下。如果你刚刚讲了一个幽默故事，要有勇气等笑声爆发并扩散开来后，再继续往下讲。在演讲的开头和结尾，停顿都非常重要。当你走向舞台，站在中心位置，面对观众的时候，先停下来。安静一下，心中默数到 3，然后慢慢地用眼睛扫视全场的听众。你的内心可能会感到无限漫长，但这么做是非常值得的。没有什么比沉默更能捕获听众的注意力了。

在演讲尾声的时候，停顿也扮演着非常重要的角色。千万不要以从舞台上跑下去作为结束方式。作曲家加布里埃尔·福雷（Gabriel Faure）的代表作是一曲舒缓、阴郁的曲子《西西里舞曲》（*Sicilienne*）。这位年轻的音乐家和我分享道："在最后一个音符完成后的停顿非常重要。没有它，整个表演就不完整。从另一个角度看，如果处理得好，则会让听众入迷、不断回味。"所以在你讲完最后一个字的时候，停顿，然后再说"谢谢"。停在那里，好好享受这几秒钟的掌声。

如果你在停顿的使用上有困难，可以试着用颜色在演讲稿中标注。这个方法我已经用了很多年，我会用蓝色表示一个节拍的停顿，用红色表示两个节拍的停顿。之所以用不同颜色的标识作为提醒，是因为在镁光灯下的那一刻，大脑运算非常快，你已经无法进行复杂的思考。

同样，在讲稿中需要表达亲和力的地方，我也会标注出来，提醒自己这里应该微笑。这非常有效，因为人们告诉我，我演讲时看起来非常放松和自然。

你可以在很多低风险的场合练习这些技巧，比如家长教师联合会、服务俱乐部或者业主会议。让我们假设你马上要参加家长教师联合会，你希望学校能够将破旧的走廊墙面重新粉刷。你有几分钟的时间上台演讲，并且希望大家将焦点集中在你的内容上。对你来说，这并不是一件大事，但是你可以利用这个机会使用一下刚刚学到的技巧：通过声音起伏、策略性停顿、降低语速等方式来传递信息。

中场调整

假设这样一个情景，你讲到一半的时候，突然发现自己犯了一个错误。你开始有点结巴，因为你知道自己说错了、说漏了或者脑中感到一片空白。

如果你让内心的批评声占据上风，不断纠结于自己犯下的错误，很快大脑就会进入“战斗－逃跑”反应中。你的身体会关闭那些“没有必要”的功能，比如逻辑思维能力，而这可能是演讲过程中你最不想发生的事情吧！

那么在这种情况下，该怎么办？

如果在焦虑情绪爆发前，你就察觉到了这个问题，这时可以使用观念转换法，即重塑现实。哪怕只用一秒钟告诉自己你犯的错误是件好事，都可以避免激发“战斗－逃跑”反应。大脑遇到一个新概念的时候，第一反应是去接受，接着才会去质疑，但在质疑前，你就已重新回到自信状态。

你可以告诉自己，像商业巨贾和娱乐明星这样的人物也会用故意犯错的方式和粉丝拉近距离。沃尔玛创始人山姆·沃尔顿在登上讲台的时候，笔记本掉到了地上。弗兰克·辛纳屈（Frank Sinatra）在上台前，会故意把衬衫衣领弄乱。大家都会出错，你并不是个例。

如果消极情绪已经出现，你就需要利用催产素关闭“战斗－逃跑”反应。下面这个方法可以帮助你。

The Charisma Myth 练习时间

中场调整

- 检查身体。确保自己的肢体不紧张，否则心理状态只会更糟糕。
- 深呼吸，全身放松。
- 不否定自己，不戏剧化自己的错误。记住，每个人都会犯错，而这一定会过去。
- 如果消极想法已经出现，那就记住它们只是你脑中的想法，而不是事实。
- 找一些小事感恩。比如，你还可以呼吸，演讲结束时你还可以活得好好的。
- 想象从信任的朋友那里得到一个大大的拥抱，它持续了足有 20 秒钟。当然，你可能没有 20 秒的时间，但想想这样的画面就非常有用了。

一旦你的应激反应系统平静下来，身体重新回到充满自信的状态，那就想象一下自己获得胜利的场景，从而让大脑无法区别想象与现实，这样做可以重新唤醒体内的化学反应（是的，我们在帮助你的大脑进行化学反应），让你体内的化学物质与充满信心时一样。这样，你的肢体语言就会恢复到最佳状态：令人印象深刻、具有说服力，并且鼓舞人心。

虽然这个练习看上去有很多步，但实际上整个过程只需要不到两秒的时间。熟能生巧，你做起来会越来越自然，一个闪念就可以重新让你回到自信状态，人类的大脑就是这么迅速、敏捷。

你可以利用一些小的危机事件不断练习，这样遇到大危机的时候，这种反应就会成为第二天性。你可以试试用第 5 章中学到的视觉化想象技巧来进行练习。

在开会的时候，你也可以练习这个技巧。想象一下，在某个会议上，你对某个解决方案不是非常满意，内心不断响起批评声。在其他人说话的时候，试着使用中场调整，让自己恢复状态。

演讲日：进入友善状态

成功的演讲的秘诀很简单：让观众成为主角，而不是你自己。只要你开始担心你自己，比如自己表现得怎么样、这个句子表达得是否清楚，那么自我批评就会蔓延开来。相反，若重点在听众身上，你想知道他们感觉怎么样，你就会把注意力从自己身上转移开，甩掉自我意识，进入友善状态，观众会感受到你的状态并欣赏你。

使用第 4 章和第 5 章学到的工具，帮助自己进入并保持友善状态，或者训练自己随时可以回到这个状态。

The Charisma Myth 练习时间

演讲日清单

- 尽可能早点到达演讲现场；在讲台上来回走动，视觉化想象自己掌控着这个舞台。
- 在附近一个安静的房间里，使用调整心境的工具，比如视觉化想象，帮助自己再次进入自信和亲和的状态。
- 在开始演讲前停顿。面向听众，默数 3 下，再开始演讲。
- 在演讲过程中，做好最坏的打算，差错可能来自别人的打断，也可能来自你自己。
- 使用刚才学到的中场调整工具，幽默地处理失误，与观众互动，一起把它当作玩笑。

- 完成整个演讲，记住要停顿、呼吸、降低语速。
- 不要从舞台上跑下来，在说完最后一句话后，停顿一下。

The 魅力聚焦 Charisma Myth

◎ 你的演讲应该有一个核心观点，它简单清晰，由 3 ～ 5 个分论点支撑。

◎ 每一个分论点都可以用以下内容来支撑：一个有娱乐性的故事，有趣的统计数据，具体的例子或者生动的比喻。

◎ 让演讲简短有趣，让每一句话都有意义。

◎ 尽早抵达演讲现场。在舞台上走一走，视觉化想象掌控这个舞台。

◎ 双脚与肩同宽，保持平衡，占用尽可能多的舞台空间。避免多余的手势分散观众的注意力。

◎ 像分享秘密一样与观众进行交流，告诉他们一些奇特的隐秘的事情。

◎ 运用微笑和声音的起伏来让声音更有亲和力。

◎ 和每个人进行 1 ～ 2 秒的对视。

◎ 尽可能多地停顿，这样可以更好地呈现出自信甚至戏剧化的效果，同时也可以给自己喘息的机会。

12

危机时刻，大展魅力的关键时刻

The Charisma Myth

How Anyone Can Master the Art and Science of Personal Magnetism

在充满未知、模棱两可或者危机重重的情况下，魅力是最有效的工具。“在极度困难和焦虑的时候，领导者往往被认为更具有魅力。”哈佛大学心理学教授奥马尔·苏丹（Omar Sultan）与我分享道。

在危机中，领导者之所以被认为更有魅力，是因为在面对危机的时候，人们仿佛陷入了“魅力饥荒”一般，更容易感到领导者的吸引力。丘吉尔在其他欧洲国家沦陷之时，唤起英国的士气，激励人民奋起反抗；拿破仑在法国陷入大革命的混乱之际执掌法国；甘地在印度深陷身份认同危急之时，发声指明前进的道路。那些能够在危机中果断采取行动的人，才是最具魅力的人。

如果你发现自己处于危机之中，这其实就是大展魅力最好的时机，当然前提是你处理得当。在这一章，我将教会你如何去做。

第一步：至少保持一定的镇静

很多领导者之所以拥有魅力，是因为他们在遇到困难的时候依然保持（或看上去）镇静。诚如你所了解的，焦虑会影响你的感受、行为以及别人对你的看法和反应，而且焦虑感在你的肢体语言中往往会即时呈现。

作为一个领导者，你的肢体语言本来就会引起公司的连锁反应。在危机事件中，肢体语言的影响只会更大。因为危机会将领导者置于镁光灯下，人们会注视着领导者的一举一动。这时，压力系统不断发出低级别警报，大脑的原始部分开始占据主导地位，人们对领导者的肢体语言的反应会超过语言本身。你的肢体语言会比平时产生更大的感染性。当下，保持正确的心境对你来说非常重要，这样你就可以呈现出恰当的肢体语言。为了保持冷静，你要使用所有的心理工具，这时候它们的作用非常显著。我非常推荐使用以下技巧：

◎ 定期检查身体情况，不仅为了你自己（生理通常会影响心理），而且为了其他人（肢体语言会被“捕获”并被传播）。
◎ 有技巧地处理消极情绪：对萦绕在大脑中的负面认知采用消除、去戏剧化、保持中立的做法。
◎ 重塑现实：无论做到什么程度，它都对你非常有帮助。从多个不同的视角积极分析情况能够帮助你跳出悲观情绪。
◎ 利用视觉化想象的方法帮助自己进入正确的心境。比如，想象将责任进行转移，这是非常有效的减轻焦虑的方法。

有需要的时候，就重新温习一下第 11 章的中场调整练习，它教你如何一步步处理危机时刻。尽可能多地在小危机中演练，那么在大危机到来的时候，这个处理流程就变成了第二天性。

第二步：表达高度期待

有时，简单地给人们贴上你期待的标签就足够了。纽黑文的家庭主妇听到自己被称为仁慈善良的人之后，向多发性硬化症协会捐赠了比以往更多的钱。这些妇女仅仅因为被贴上善良的标签，就做出了符合他人期待的事情。

在分析研究了30多份魅力领导力的研究报告后，沃顿商学院的罗伯特·豪斯教授总结道：能够向他人表达高绩效期待并对他们达成这一期待保持极高的信心，这是魅力领导力的特征。

想想那些你想用魅力去影响的人，你希望他们达到或者超越什么样的标准？表达出这个期待并相信他们可以做到，最好能从行动上呈现出好像他们已经完成目标的状态。

第三步：描绘一个愿景

一个充满魅力的愿景会让你的魅力在危机过后仍旧持续发挥影响力。南非前总统曼德拉描绘了一个统一、现代化的南非发展愿景，即使在种族隔离危机结束甚至总统任期结束之后，他依然被当作整个南非的领袖，并在国际政治舞台上发挥影响力。

另一方面，美国前总统老布什即便在海湾战争期间收获了90%的支持率，可是在下一年的总统连任选举中却失败了。虽然他的魅力在危机中迅速提高，但后来他自己也承认，他忽略了“愿景这件事情”。

要想充满魅力，你的愿景必须能够被生动地描绘出来，同时与事情的现状和走势有着显著的区别。魅力领导者总是会指出现状令人不满意的地方，勾勒出辉煌的未来，并且指明如何实现这个愿景。虽然这听起来有些复杂，但其实大多数人都做过这样的事情。以销售人员为例，他们会找到潜在客户对现状不够满意的地方，然后告诉客户改进的方法（当然，运用这个方法必须要购买他们的商品）。

有愿景还不够，你还要有能力表达出来。使用上一章学到的方法架构讲稿，然后用最有魅力的方式讲出来。

一旦你表达了愿景，接下来就要勇敢果断地行动。

1815 年的冬天，拿破仑被法兰西王国军队打败，受尽羞辱并被流放到了厄尔巴岛。这个出生卑微的男人领导过法国军队，并给自己戴上了法国皇帝的皇冠，而之所以还能苟活于世，仅仅是因为自杀未遂。2 月的最后几天，他从小岛上逃脱，身无分文登上法国海岸。他没有权也没有钱，并且刚刚经历惨败。

但是他的愿景魅力再一次吸引了人们。他传达了一种绝对的自信：他能够席卷法国，重新当政。他向人们展示了一个令人信服的愿景：一个没有人民深恶痛绝的统治阶级的国家。

除了一个愿景和魅力，他别无他物，但这就足够了。意想不到的事情发生了：他没有钱支付军饷，甚至没有足够的食物供给士兵，但拿破仑还是集结了一支军队，宣称自己会重获政权。

法国宫廷感到了压力，请米歇尔·内伊挂帅，率领军队铲除这群“暴徒”，以绝后患。在出征那一天，米歇尔对整个宫廷承诺，他会“把那位篡位者关在笼子里带回来”。随后他从巴黎出发，带领的是整支王国军队，而拿破仑则率领着比他人数少得多的军队迎战。在 3 月 7 日的黎明时分，两支队伍相遇了。

一边是强大的法国军队，另一边是拿破仑势单力薄的将士。此时，拿破仑独自一人出现了。他穿过分界线，走到对方的射击范围之内，站在对方军队的面前，这是他曾经领导过的军队。他叫喊道：“我就在这里。你们想杀了你们的皇帝吗？来吧。”

士兵们听了以后情绪高涨，开始大声叫喊：“皇帝万岁！”他们穿过分界线，站到了拿破仑那一边。就连内伊元帅也宣布放弃原来的任命，加入了拿破仑的队伍，他们跟随着拿破仑前往巴黎，重夺皇权。

研究表明，在危机时刻，人们本能地倾向于那些勇敢、自信、果断的人。危机来自不确定性，因而容易让人产生焦虑，所以人们会依赖那些让他们觉得能消除焦虑的东西。这就是信念、愿景和权威在危机时刻有巨大力量的原因。

The 魅力聚焦 Charisma Myth

- ◎ 魅力在危机情境中效果显著。
- ◎ 保持镇定、自信的心境，这样会产生积极的情绪感染力。
- ◎ 向人们表达高度期待，并自信地表达出他们有能力去实现。
- ◎ 勾勒出一个清晰大胆的愿景，展示出自己有实力去实现这个愿景，并且果断地采取行动。

13

从容应对魅力的副作用

The Charisma Myth

How Anyone Can Master the Art and Science of Personal Magnetism

人们听说我的职业后都会问我，是不是大部分时间都在和聪明绝顶的书呆子打交道。我的答复是：“事实上，我的客户都非常成功、极具魅力。他们来找我，不仅是为了提升自己的魅力指数，而且是为了学习如何应对魅力提升的结果。”通常情况下，听完我的答案，他们一脸迷茫。

是的，有魅力是一件很棒的事情。它可以让你更有影响力、说服力，更能激励人心。人们会喜欢你，相信你，希望能够追随你。但是魅力也有不好的一面。所有魅力风格都有需要付出代价的一面，而要付出什么样的代价取决于你使用了哪一种魅力风格。在这最后一章，你会了解到一些潜藏在魅力中的副作用，并且学习如何有效地处理它们。

JALIR，为你的魅力做补偿

随着你越来越有魅力，你可能会发现自己得到的不只有别人的赞美、钦佩，还有嫉妒。当团队取得胜利时，功劳就会自然而然落到“你”名下。上级记得的是“你”，他们把成功和“你”的贡献、“你”的面孔联系起来。一切都很棒，直到别人开始因此怨恨你。最好的结果是，他们因嫉妒而渐渐远离你。最坏的结果是，他们会试图阻碍你。

你必须要为自己的魅力做出补偿，这样才能减少别人的嫉妒和怨恨。你有 3 个选择：拒绝荣誉、反射荣誉或转移荣誉。

拒绝荣誉意味着谦逊，把你收到的赞美最小化。你可以通过自我批评来淡化别人对你的赞美和表扬，把姿态放低。但是这样做也有可能适得其反，因为否认你的赞美者会让他们感觉自己做错了。

反射荣誉意味着强调他人的贡献。这种方法很好，还可以让你看起来谦虚。你可以简单地说一句："谢谢，我们真的很幸运有苏珊为我们核对财务，有比尔展现魔法般的平面设计。"但有时候，不论你怎样反射荣誉，还是有人会嫉妒或不满你的魅力和成功。这时候可能需要更进一步，也就是转移荣誉。

一家大型跨国银行的首席执行官曾请我指导他的整个高管团队。其中一名高管南希负责整个西南地区的分行，她是一个非常有魅力的后起之秀。事实上，她十分成功，首席执行官希望南希同级别的同事、这家银行的老员工凯文带着自己的团队到南希那里，学习管理和实践的方法。因此，凯文的团队抵达了南希的管理本部，展开为期一周的学习。南希感到很荣幸，也很高兴，决心用心传授。直到后来，她通过一名来访者得知，自从首席执行官提出要求，凯文就一直不断地说南希和她团队的坏话。

"我该如何处理呢？"她问我。我请南希把自己放在凯文的处境中，好好体会那种感觉，因为也许他现在就有这种感觉。"想象自己是这家银行的老员工，上级让你带着自己的团队去向另一个比你少了 10 年经验的年轻家伙取经，你会是什么感受？"

凯文可能觉得，自己不再被人看作成功人士，或者至少不如这个经验不怎么丰富的“新星”成功。他也许会感到没有安全感，不再受人赞赏和尊敬，所以才会对南希的成功产生负面情绪，发泄怨恨。

我告诉南希，要想让对方不再嫉妒或怨恨她的成功，只有一个办法，那就是让对方把她的成功也看成自己的成功。我鼓励她寻找一些凯文为她的成功做出的贡献，给他一些归属感。我让南希进一步思考，她可能从凯文身上学到的东西或是他对她的鼓励。“啊，天哪，一定要这样做吗？”她嘟囔着。我回答道：“这样做是值得的。”

几分钟后，南希终于想到了：“在一次管理会议上，艾伦抱怨新系统是多么地麻烦。凯文却用一种乐观的方式鼓励艾伦接受现实，继续前进。他说话的方式斥责中带有幽默，我就从这里切入吧。”

同时，我还提醒南希利用富兰克林效应。她可以定期征求凯文的看法和意见，表明她看重他的观点，让他再次感到自己是受人尊敬的。之后，她可以再告诉凯文，这些想法和意见对她产生了什么影响。

让他人感觉和你同享成功是非常有效的避免怨恨的方法，同时能激发好感，比如自豪感和忠诚度。事实上，这种技巧正是克林顿的风格。在白宫当政期间，克林顿习惯于向每个人询问他们对外交政策的意见，包括主厨和清洁工。他会全神贯注地倾听，之后还会反馈对方他们的意见对自己产生了什么影响。当人们觉得自己对你的“成就”做了一点贡献时，会产生相应的所有权和认同感，因而觉得对你的成功负有某种责任。

随着你越来越成功，越来越被大家熟知，你可以考虑定期举办一些简短的消除怨恨的活动。但不管你选择说什么，一定要真诚。我的一个客户在学习这一技巧的过程中叫道：“太好了，这是一条捷径！从今以后，我可以给别人一种关心他们的感觉，却不必真正喜欢他们，对吗？”大错特错。首先，你要知道，大多数时候，如果你说的不是真心话，人们本能地就能感受到，那源于一种非理性的感知。其次，表达一些我们自己才最不相信的东西会导致认知失衡，这会耗尽我们的精力，分散我们的注意力，从而影响我们的表现。虚情假意并不值得我们为之付出代价。

如上所说，想想那些和你事业相关的人，然后联系他们。运用以下的防嫉妒技巧，给他们打电话或发电子邮件。

正当理由（Justification）：想出一个联系对方的理由，这个理由不能让人感到意外。“那天我和苏聊天的时候，突然间想到了你”，或者“鲍勃让我想起了那时候和你……”。我在培训客户的时候，告诉他们把我们的课程作为借口。毕竟，我确实会请他们回忆职业生涯中的重要人士，所以他们可以很真诚地说：“我正在跟着我的教练学习，突然你的名字就跳进了我的脑海。”

感激（Appreciation）：感谢对方为你做的事情。你可以感谢他们花时间和你交流，无论是面对面还是打电话，尤其是你们第一次见面或花了很长时间的会面。你也可以感谢对方为你提供的有用建议或者有趣的信息。

毫无保留（Lay it all out）：仔细描述对方是如何帮助你的，感谢他们的付出。“我知道，你本没有必要……”或是“我知道，你特意……”

影响（Impact）：让他们知道他们对你产生的积极影响。他们做了什么、说了什么或者树立了怎样的榜样，把你变成了更好的人？因为他们的所作所为或树立的榜样，你变得有什么不一样？你的生活和行为发生了哪些变化？告诉他们，他们对你个性的改变。你表达的时候可以说得夸张一点、戏剧化一些，人们喜欢感到自己对别人很重要。

责任（Responsibility）：正当理由——感激——毫无保留——影响，这4个步骤创造了一种责任感，这个过程简称JALIR。这给人一种你的成功与他相关的感觉。所以，尽可能多地给予他们赞美，让他们觉得对你有所帮助，从而更努力地帮你继续成功。

在有魅力的人中，受到嫉妒和怨恨的概率最高的是“高度有影响力”的人，比如拥有权威魅力和愿景魅力的人。所以，如果你想要呈现出这种风格，定期进行 JALIR 过程是值得的。每个月，在你的日程上设置提醒，挑选一些人，对他们进行 JALIR 过程，或是向他们寻求意见，或是遵循这些意见并向他们展示得到的结果。

下面是一封 JALIR 邮件，来自我的客户。

丹：

前几天有人问我，谁对你的事业产生了影响，我立刻想到了你。我不知道是否告诉过你，与你一起完成的那个财务项目让我从你身上学到了很多东西。我永远不会忘记你处理那通恶意电话的方式，你从头到尾都是那么镇定。这教会我，不管顾客说什么，我们都应该保持平静。

最近几天，当我发现自己打电话快要失去耐心的时候，总会提醒自己：“还记得丹是怎么处理那通恶意电话的吗？”

还有你给我的关于策略定价的建议，我也一直在使用。幸亏有这个建议，它帮助我在今年最大的部门提案中获得了成功。

总之，我想说声“谢谢”。也许你从来没有意识到你对我的影响如此巨大，但我能有今天的成就，你功不可没。

祝好。

吉姆

小心“安全的茧”，4 步帮你软着陆

我刚开始培训企业高管的时候，主要帮助他们提高沟通技能。这些既实用又有针对性的工具和技巧可以让他们练习、提升、回归自我。在这一过程中，我们之间会形成一种很强的智力连接。所有参与进来的人都感觉很舒服，他们通过不断训练

取得了成功。

但是慢慢地，当开始实验你们在前几章学到的心境调整技巧时，我发现除了智力的连接，一种很强的情感连接也会在培训过程中形成。

有时候，智力和情感连接的组合会变成特别强大的连接。一位客户描述说，我似乎在我们之间建造了一个场、一个茧、一个装满魔法的容器。也就是那时，我开始注意到一个奇怪的现象。

在那一时刻，这段经历会让人觉得很神奇，我的客户和我都变得很兴奋。他们会深入挖掘自我，获得深刻的洞察力和启迪人心的顿悟。我经常惊讶于他们分享得如此之多，我也兴奋于他们达到了更高的高度。

然而，那些分享了很多个人故事、自我剖析并觉得自己收获良多的人却突然间一个个消失了。我不理解这是为什么。我本以为在一节课中就收获很多、取得了进展的人应该更想不断地学习呀。我一直无法理解，直到有一天，在我描述了这个现象后，一位经验丰富的教练才告诉我错在了哪里。

我的同事、教练伊莱曾是一位以色列军官，有着十几年的服役经币。“他们当然会消失了，”他告诉我，“他们因为羞耻而退缩。在课程中，你创造的场域让他们觉得像有魔法一样，他们兴奋甚至陶醉。在那种情况下，他们会比平常分享得更多、更深入。”

我的心一沉，事情正像他解释的这样。伊莱继续说：“几个小时后或者第二天早晨，等他们清醒过来，他们的自尊心也会随之清醒，意识到自己分享得太多、太深，于是叹气道：‘天啊，我都做了什么？’”

他做了一个比喻：客户事后对在我的影响下做出的事情感到羞耻，正如他们在一夜纵情第二天早上醒来后感到的羞耻。他下结论说：“不要让人们在没有准备好的情况下做更深的探索。你的职责是，不要让他们被这种兴奋的感觉迷惑，不要让他们透露太多，除非他们已经准备好了。”

这些年来，我明白了，这种安全的茧也有副作用。有时候，人们感到自己安全和强大，于是不自觉地大胆地和自己内心的魔鬼走得很近，而他们却还没做好面对的准备。这个副作用经常伴随着友善魅力和焦点魅力。

我记得在一次特别的课程中，我让客户经历了一个又一个顿悟。哦，那时真是高潮迭起。他看见了自己无穷的潜力，最真实的自己以及一个全新的世界。他告诉我，他觉得自己青春焕发，就像重获新生一样。我以为这是课程的成功，于是给了他几句指导之后，就让他离开了。

之后的一个月里，我都没有得到他的消息。我开始有点担心，但我想他应该在专心做“功课”。当他终于打电话给我时，他告诉我发生了什么：“你绝对想象不到，那半个小时对我产生的影响和效果。我在家里待了一周，这一周里，它渗透到了我的整个世界中，我的世界被颠覆了。”

是的，他确实是凤凰涅槃般地重生了，那周之后，他开始在公司稳步晋升，为此，他十分感激我。但我们算是幸运的。我也许无意识地将他带到了深水区，并在我离开时直接松开了他的手，而没有告诉他该如何踩水。

接下来的几年，在一些明智导师的指导下，我学会了不再沉溺于魅力创造的神奇感受，而是及时刹车，让客户在一次又一次的课程中逐步建立舒适度。

然而，当人们处于兴奋的情绪时，要想让他们放慢速度，并且让他们感觉舒服而不是被拒绝和伤害，这并不容易。下面有几种方法，可以帮你“软着陆”。

1. 保持注意力。他们开始分享以后，你可以问自己：明天他们会对今天所说的话后悔吗？
2. 只要你听到他们开始说一些你觉得他们可能会后悔的事，赶紧插一个“我也是”的故事。这种情况下，打断别人是可以的。最理想的故事是你亲身经历的故事，其次是亲密朋友的，最后才是你听说的。使用“我也是”的打断方式可以得到 3 个效果：

首先，他们被迫停顿、中断思路，同时给他们一个机会缓和想要分享私密事情的情绪。

其次，他们听到了一个和自己很相似的故事，只是角色改变了一下。他们听到别人的故事被分析到什么程度后，可以重新评估自己要说多少。

最后，在他们情绪高涨的时候帮助他们平静下来。如果他们因分享太多而感到羞耻，那么听到别人的故事就可以转移他们的注意力。

3. 如果已经晚了一步，他们已经分享了很多，那就告诉他们，这件事情不会影响你对他们的看法，他们刚才分享的事情不过是全局中的一小部分，因为他们还有很多令人佩服的地方。比如，你可以说：“我完全没有想到，你会有这么严重的冒充者综合征，你是那么成功。”
4. 你也可以让他们觉得，能够分享这么多是一件值得钦佩的事情。记住，这里主要是为了消除对方的羞耻感，没有什么比肯定他们更有用的了。比如，你可以说：“你可以分享得如此之深，真是太厉害了。”

假如你第一次见到某位客户。会面开始时很顺利，客户明显很喜欢你，你散发了强烈的焦点和友善魅力。你感到舒适感在上升，他也开始透露自己对公司的打算，并向你说明在哪方面他最需要你的帮助。到目前为止，一切顺利。

随着时间的推移，舒适感持续上升，客户告诉你，他和你在一起时感觉如此自在。他开始透露越来越多的个人想法和观点，包括公司发展的现状、他的情况、他的希望、梦想和担忧，甚至是让他没有安全感的地方。

你的工作就是认真听每一句话，一旦听到他分享的事情可能会产生不良后果，就运用上述技巧，打断他的思路。

当你全力呈现自己的魅力时，你会在自己的周围创造一个脱离现实的场域。这有点像催眠，人们在你面前能够进入另一种状态。催眠师在唤醒被催眠者时必须小心，你也应该如此。你把他们深深迷住了，所以也要帮他们安全退出。

镁光灯下，你不必随时“在线”

名人和首席执行官至少有一个共同特点：他们总是曝光在别人眼中。无论他们是否知道，不管他们喜欢与否，他们几乎总是受到最严格的审视。这也正是权威魅力和愿景魅力这种呈现高度影响力的魅力风格所具有的另一个副作用。

商业图书作者马歇尔·戈德史密斯（Marshall Goldsmith）告诉我，许多首席执行官总是有这样的压力，担心自己是否能时刻呈现最好的状态。“对他们来说，每一刻都是‘表演时间’。即使是去听最乏味的 PPT 演示，他们也要时刻呈现魅力，因为在场的每个人都在看着他们，包括演示者。”

因为有魅力的人似乎被赋予了额外的权力，所以我们对他们的期待会更多。我们期待更大的成绩，我们不会满足于他很好，如果他不够卓越，我们会觉得他名不副实。

如果他们的表现较差，对他们的批评可要比一个“普通人”严厉得多。当哈佛大学教授拉凯什·库拉纳（Rakesh Khurana）被问到如果在商业世界中有魅力的人失败了会怎么样时，他说：“就像我们对待失败的救世主一样，我们把他钉在十字架上。”

J. R. 伍斯特，一家位于洛杉矶的小电影公司的首席执行官，为人随和。他是我能想到的唯一一个在镁光灯下不会感到压力的人。当我提到这个话题时，他马上就理解了我的意思：“总是过度表现的压力会毁了有魅力的人，因为我们不再容许自己当凡人，但没有人能够永远这样生活。”

那答案是什么呢？当个凡人。这意味着接受人性，展示人性，也意味着你要接受自己脆弱的一面，并展示你的弱点。我知道，即使想一想这个做法都会让人觉得非常不舒服。但我保证，这么做绝对值得。海斯·巴纳德（派拉蒙基金的首席执行官）和我分享道：“一个内心透明、展示弱点的高管也是非常有魅力的。”还记得弗兰克·辛纳屈和山姆·沃尔顿吗？在正式面对听众的时候，他们会故意展现自己出错的一面。

暴露自己的弱点反而能更加强化你的影响力，这听起来似乎有悖常理。但是展示弱点和人性让你更加可信，避免了疏离感。被当成超人其实非常危险，如果超人没有克拉克·肯特这一面来展示他的弱点，这个角色就不会那么可爱，人们也不可能对他有认同感。

当迈克尔·乔丹从篮球转战棒球时，尽管他表现糟糕，但声望依旧不减。记者注意到，其实大多数人与棒球运动员乔丹更能产生连接，一部分原因就是棒球使他看起来不那么像超人，更像个普通人。乔丹本人也说，棒球给了他更人性化的一面。

在商业中也是如此，我们也希望能与有魅力的商界领袖们产生连接。研究表明，让追随者在领导者身上找到共鸣，是领导魅力的一个关键因素。此外，展示你的人性化一面也会减轻你的压力，让你不必随时保持“在线”状态。

展示弱点是比尔·克林顿职业生涯中的一个关键转折点。1992 年，美国总统大选前的 5 个月，克林顿的民意支持率依然低迷，远远落后于老布什和罗斯·佩罗（Ross Perot）。政治评论家们认为，他在大选中会惨败，并认为他是“无关紧要”的对手。克林顿的顾问团很快就意识到，他还没有和选民们产生情感连接。于是，他们做出了一个惊人的举动：不用他的长处来打动民众，而是努力展示他的弱点，从而与民众建立纽带。

克林顿的团队发起了一系列弱点展示的运动，他们称之为“曼哈顿计划”，他们让他上脱口秀节目，揭示他童年的不幸和困难的家庭情况。尽管老布什团队称此项运动相当“怪异”，克林顿竞选团队仍然坚持，仅仅一个月后，民意调查就显示，克林顿的支持率从 33% 飙升至 77%。其他人当然都已经成为历史了。

你要仔细挑选和谁，在哪个背景下，如何展示出人性化的一面。选择好你的设定，第一次暴露弱点不要选择在高风险时刻，而是选择在低风险时刻练习。

The Charisma Myth 练习时间

展示弱点

想一想接下来要发生的 3 ～ 4 场谈话，选择 1 ～ 2 场低风险的来进行练习。找一个你可以分享的小弱点，不要选择对你来说很严重的事情，所有轻微的恐惧、犹豫、担忧或者后悔的事情都可以。你可能会想分享一些你担忧的、做错的或者希望当初可以做得更好的事情。

在交谈之前，做一个激发同情心的可视化想象以及对交谈结果进行责任转移的练习。虽然展示弱点会让你感到不适，但以上练习可以使你呈现正确的肢体语言并免于陷入焦虑。在谈话中，如何使分享更简单？有这样一些方法：

- “我要告诉你……”或者“我不得不承认……”都是很好的开场白。
- 做好铺垫，比如说：“说这个，我有点紧张，但是……”
- 你也可以让他们对这次谈话保密。这不仅会让你安心，而且会让他更加珍惜这个时刻。人人都爱秘密。

展示这个弱点后，接下来立刻做一次责任转移的练习。这可以帮助你在展示弱点后，重新让大脑产生积极的连接，感觉舒适。

正如这项深入探究不适感的练习所展示的那样，你对弱点会感到高度不适。但是现在你已经掌握了所有的工具来处理这种不适，这非常值得尝试，因为你收获了一个非常棒的技巧。你也许会注意到，这个弱点不仅带给你“活着”的感受，而且会让你和他人建立更好的连接。

如果你还想深化展示弱点的练习，就要注意一点：它不仅关于你说了什么、分享了什么，而且关于你在分享时的感受。有些人可以在分享私密、弱点的信息时，心中毫无波澜，好像他们与弱点保持了一定距离。他们列举出事实，把它们当作一个数学问题，把自己的心保护了起来。随着技能的提高，你可以在分享小弱点时尝试去真切地感觉它。如果你可以做到这一点，你的肢体语言就会更真实有效。成功地展示一些小弱点并利用第 5 章的自我同情工具，这样可以使整个过程更加容易。

高处不胜寒

由于你越来越被视为一颗“明星”，即使是那些想要去喜欢你的人，都会觉得和你产生连接很困难，而你可能会感觉与他们越来越疏远。当人们开始把你置于高处时，你在他们眼中是与众不同的，甚至是超凡的，你可能就会感到被孤立。

实际上，这也是首席执行官和高管们频繁地向我求助的原因之一。他们已经有魅力了，但他们需要平衡，因为他们再也得不到别人可信的建议和诚实的反馈，或者得不到他们希望的那么多了。这些情况最多发生在有权威魅力的人身上，其次是有愿景魅力的人和焦点魅力的人。

当你魅力十足时，你会觉得自己有足够的能量去影响别人。相应地，你再也无法把其他人视为同事，所以可能会感到孤独。

魅力的反作用

我的好朋友亚瑟是一个非常有男性魅力的男士，他所到之处无不散发着权威魅力。事实上，我们由一个共同的朋友介绍认识，那个朋友知道我研究魅力，所以告诉我："你必须见一见这家伙。"他说得没错。

亚瑟非常好心地让我跟着他，以便观察他的男性魅力行为，这个项目持续了好几周。有一天，我们坐在一家餐厅的露台上吃早午饭，他吃的是火腿蛋松饼，我吃的是水煮三文鱼。突然，他面向我说："你知道，魅力也是有副作用的。"

对亚瑟而言，魅力的最大危险在于，它让你有能力去说服别人，即使你完全错误。"我意识到，只要我坚信自己是对的，并且十分在意这件事，我就能说服任何人。坦率地讲，我和他们一样，不可能永远正确。但是当我把情绪、激情和魅力结合到逻辑论点中时，大家都会觉得按我说的去做就是对的。"

亚瑟告诉我，当他和自己的团队在一起时，已经学会了如何约束自己的魅力。他试图设置保护线，防止自己抑制有价值的争论。正如他告诉我的："我已经注意到自己是如何用声音令人信服的，我听起来客观公正。但后来发现，有时候我并不是正确的。权力越大，责任也越大。现在每次做决策时，我都要再多思考一些。"

当你变得越来越有魅力时，事情也会变得越来越容易。同时，你也可能默认，别人做起事情来也一样轻松和顺利。但事实不是这样的，并不是所有人都拥有因魅力而产生的新能力。

别人视你为超人，这会影响整个组织。人们开始越来越依赖你，认为事情总会得到好结果。一方面，他们可能认为自己不需要再努力工作，可能会推卸责任，变得自满；另一方面，他们也会变得自负，会冒之前不会冒的险，因为他们认为出现任何差错，你都能奇迹般地解决。

警告：魅力威力十足，请审慎使用

人们常常问我，他们正在学习的技巧会不会产生危险的后果。当然会了，魅力很强大，它的确有黑暗的一面。许多深入研究魅力的人都对此发出过警告。

事实上，直到20世纪80年代，许多极具影响力的思想家仍然强烈反对魅力的研究和教学，彼得·德鲁克就是其中之一。

魅力威力十足，因为它能够增强对他人的影响力。任何增强这种能力的培训都有可能被用在有益或有害的方面。但魅力培训的目的与其他领导力培训没什么不同，难道我们应该阻止所有提高领导力效能的培训吗？

马歇尔·戈德史密斯告诉我，他认为魅力就像一种资产，与智力没什么区别：

> 如果你走在正确的方向上，魅力就会让你走得更快。在错误的方向，魅力也会让你错得更快。它是一种资产，不是一项保险。魅力领导者会失败吗？当然会，就像很多非常聪明的领导者也会失败那样，但这并不意味着魅力或智力是错的。

刀可以用来治病，也可以用来伤人。无论是在外科医生手上，还是在罪犯的手上，它都是工具。工具本身没有好坏之分。你在本书收获的是一整套魅力工具，如何使用它们，决定权在你手上。魅力没有对错，关键是你如何运用它。

The 魅力聚焦
Charisma Myth

◎ 魅力有一些潜在的副作用：你可能成为被嫉妒和怨恨的目标；在交谈的过程中，别人会向你倾诉更多；你被更高的标准要求着；你会有高处不胜寒的孤独；魅力也可能在它不该产生作用的时候产生作用。

◎ 为了减轻嫉妒和怨恨，可以反射荣誉或转移荣誉。重点关注那些值得称赞的人，并让他们觉得自己促成了你的成功。

◎ 阻止人们过度分享，插入“我也是”的故事。如果为时已晚，就帮助他们消除事后不适的感受。

◎ 展示弱点会使你更受欢迎、更可信，而且能阻止人们认为你是超人，你无所不能、无所不知或永远正确。魅力是非常强大的工具，请负责任地使用它。

享受你的魅力人生

如果你在 2005 年 1 月遇见詹姆斯，就会看到一个身高中等、体形瘦小、棕色眼睛的年轻人，他穿着宽松的西装、白色衬衫和棕色的鞋。他怯生生地走到你跟前，无力地与你握手。整个谈话中，詹姆斯声音很小、语调平和，很少有超过一秒或两秒的目光接触。他对自己的表现并不满意，与你保持着保守的距离。然而，实际上他是一个很有趣的人。

詹姆斯拥有各种各样的优点：他有敏锐的头脑、深刻的见解，多才多艺，而且工作努力。如果他具备完整的魅力，在公司里，他应该已经拥有更大的权力。但事实上，詹姆斯的技能、敬业精神和取得的成就无人理睬。他本可以被形容为“优秀”，但他完全被忽略了。

我第一次见到詹姆斯时，他并没给我留下好的第一印象。虽然他才智敏捷，但他不知道如何掌控自己周围的空间。他的专业技能并没有帮他充分专注当下，他也没有理解他质问的语气和紧张的点头给别人的感觉。他给我的印象是害羞、尴尬、犹豫不决，这就是自信和魅力领导者的反面。

与他共事过的同事都知道，这不是詹姆斯价值的真实体现。“听着，我们知道他潜力很大，脑袋好使，专业知识储备充分，”他的老板告诉我，“但不知怎么的，会议上、升职时，他总是会被忽视。”詹姆斯工作出色，但他从来没有得到应得的认同。为什么呢？毫无疑问，他缺乏魅力的形象总是阴魂不散地缠着他。

对于魅力培训对他的职业生涯有多大的影响，詹姆斯抱有怀疑的态度。然而，他还是决定全心全意地尝试一次。在我们第一次会面时，我们确定了哪些魅力风格最适合他。詹姆斯学会了很多有影响力、有亲和力的视觉化想象技巧，并且熟练使用。他学会了如何通过改变他的姿态来周期性增强自信。他学会了如何“感知他的脚趾”。仅仅在一次课程之后，他就产生了巨大变化。他走路方式不一样了，审视自己的方式不一样了，更加自信了。他还是他，但他得到了新的力量。

在接下来的几周，他积累了语言和非语言的工具，用来提高自己的影响力、亲和力以及专注当下的能力，从而释放了更多魅力潜能。詹姆斯继续调整和完善他的姿势、声音、谈话和演讲技巧。现在，他能够用自己的肢体语言来占据更大的空间，知道了如何做一个“大猩猩”。他现在能够用有亲和力、有影响力的方式来调整声音，他的声音更饱满、更具磁性了。

短短几个星期，詹姆斯的转变令人震惊。他的绩效大幅上升，同事们以敬佩的眼神看他，上司们惊讶于他巨大的变化。其中一人后来告诉我，那是“完全的蜕变”。

开始培训的 3 个月之后，詹姆斯回忆人们是如何关注他的：当他在会议上讲话时，人们都在认真倾听。他最近给我写信说：“那些练习已经成为我的第二天性。”

对我而言，他一直拥有魅力，只是深埋在体内。只要采用正确的看法和合适的技能，就能引导出他将更多的个人魅力注入商业活动中。这就像需要抛光的钻石原石，只要用一些技巧并花时间练习，詹姆斯内在的巨星潜质就能表现出来。

现在你知道了什么是魅力：魅力是专注当下，呈现出亲和力和影响力的行为。你也知道了这些行为是可以习得的，而且你得到了全套工具。你已经做了大量的新练习，尝试了心境转换和保持技巧。此后，你只需要在忠于自我与拓展舒适区之间找到微妙的平衡。经过不断练习，这些技术将逐渐成为你身体的一部分，而不是一套你正在学习的技能。其中的关键在于，接受你的另一面并试着把你已有的品质充分表现出来。我们每个人都有能力专注当下，都能有影响力和亲和力。

在低风险情况下，拓展你的舒适区。在高风险情况下，不要冒险给别人留下不舒服或不真实的印象。当你还在学习阶段时，面对困难或重要的情境，请坚持采用对你来说最容易的魅力行为和风格。

你正在进行一次探险，那里会有许多跌宕起伏，有弯路和障碍。不过，你会发现你越来越积极，有时甚至感觉很魔幻。你要享受这个过程。放松下来，欣赏你与别人的互动是如何友好发展的以及你做得有多棒，让自己沉浸其中。

你的生活即将改变，享受这段旅程吧。

The Charisma Myth
致谢

在这本书的第一版中，由于版本错误，有两位朋友没有得到应有的感谢，我很庆幸能有机会纠正这个错误：首先，感谢戴维·阿克莱斯（David Arkless）在我对他的初期采访中提供了指导性意见，并在商业和政治领域予以支持和赞助。其次是卡塔琳娜·斯蒂凡斯库－库兹（Catalina Stefanescu-Cuntze）教授，她对前言和结语部分的结构性见解让内容有了更强的可读性。

我非常感恩在这一过程中能够拥有这么多优秀的想法。

非常感谢丹尼尔·利伯曼这位教育专家、内容艺术大师、结构奇才，他有敏锐的洞察力、清晰的思维以及令人敬畏的慷慨。

为了这本书，许多人投入了大量的时间、见解，付出了相当的脑力，包括：巴尼·佩尔（Barney Pell）、马克·赫什伯格（Mark Herschberg）、阿尔乔姆·伯艾斯托弗（Artem Boystov）、约书亚·凯伊（Joshua Keay）、纳塔莉·菲利浦（Natalie Philips）、扎卡里·伯特（Zachary Burt）。

感谢哈佛大学与麻省理工学院的健康科学与技术项目的威廉·博斯尔，感谢斯坦福行为科学高级研究中心的斯蒂芬·科斯林，感谢加州大学伯克利分校哈斯商学院的玛克辛·罗丹泽维厄斯（Maxine Rodenthuis），他们提供了出色的研究成果。

我还要感谢很多拥有超级商业头脑的人，他们贡献了各自独到的见解：克里斯·阿申登（Chris Ashenden）、吉尔斯·奥古斯特（Gilles August）、桑尼·贝茨（Sunny Bates）、史蒂夫·贝尔（Steve Bell）、查尔斯·贝斯特（Charles Best）、迈克尔·费尔（Michael Feuer）、蒂姆·弗林（Tim Flynn）、斯科特·弗雷德海姆（Scott Freidheim）、马特·弗曼（Matt Furman）、卡尔·瓜尔迪诺（Carl Guardino）、凯瑟琳·迪迈·哈珀（Catherine Dumait Harper）、艾拉·杰克逊（Ira Jackson）、肯·雅各布斯（Ken Jacobs）、兰迪·科米萨（Randy Komisar）、杰克·莱斯利（Jack Leslie）、莫里斯·莱维（Maurice Levy）、丹尔·莱文（Dan'l Lewin）、安赫尔·马丁内斯（Angel Martinez）、杰夫·米瑞奇（Jeff Mirich）、彼得·摩尔（Peter Moore）、埃隆·马斯克（Elon Musk）、汤姆·斯基罗（Tom Schiro）、尼纳·席摩斯科（Nina Simosko）、凯文·苏来斯（Kevin Surace）、彼得·蒂尔（Peter Thiel）、邓肯·沃德尔（Duncan Wardle）、比尔·惠特莫尔（Bill Whitmore）、比尔·沃尔（Bill Wohl）。

考特尼·扬（Courtney Young）用卓越的技巧，奉献的精神，无比的耐心、友善和慷慨领导着企鹅出版集团的团队不断努力。阿德伦尼安·舒尔茨（Adrienne Schultz）创造了奇迹，使文字变得更有可读性、更有意义，并且更加流畅。弗莱彻公司的丽贝卡·格拉丁格（Rebecca Gradinger）让我有了首次创作、出版的机会。

玛丽莎·梅耶尔（Marissa Mayer）和扎克·博格（Zack Bogue）非常友善地帮助了我，他们的赞助极大地推动了这本书的发行，非常感谢你们。

我有幸得到了很多帮助、意见、鼓励，它们来自：威廉·巴赫曼（William Bachman）、西尔维亚·肯索·巴蒂丽安娜（Silvia Console Battiliana）、克拉克·伯尼尔（Clark Bernier）、德文·科恩（Devon Cohn）和巴勃罗·科恩（Pablo Cohn）、马尔科姆·柯林斯（Malcolm Collins）、费边·肯兹（Fabian Cuntze）、

罗宾·费拉曼法里安（Robin Faramanfarian）、丹尼尔·福特（Daniel Ford）、达瑞斯·格卡尔（Darius Golkar）、乔·格林斯坦（Joe Greenstein）、杰登·黑斯廷斯（Jaden Hastings）、里奇·赫克（Rich Hecker）、克里斯·希尔（Chris Hill）、萨曼莎·霍尔兹沃思（Samantha Holdsworth）、耶西·雅各布斯（Jesse Jacobs）、迪娜·卡普兰（Dina Kaplan）、亚历克斯·凯尔（Alex Kehl）、埃里克·凯勒（Eric Keller）、埃玛·波恩曼·克拉夫特（Emma Berntman Kraft）、杰斯曼·劳（Jessamyn Lau）、格雷格·莱文（Greg Levin）、格雷格·洛里（Greg Lory）、安娜·罗伊娜·麦卡洛（Ana Rowena McCullough）、帕特里克·麦克纳（Patrick McKenna）、肖娜·梅（Shauna Mei）、泽维尔·莫雷勒（Xavier Morelle）、厄尔·平托（Earl Pinto）、朱达·波拉克（Judah Pollack）、瑟米拉·瑞恩特拉（Semira Rahemtulla）、多姆·里奇（Dom Ricci）、约翰·保罗·罗拉莱尔特（John Paul Rollert）教授和他的哈佛学生、琼·伊夫·圣玛丽亚（Jean Yves SantaMaria），凯瑟琳·施密特（Katharina Schmitt）、乔恩·迪欧（Jon Teo）、J. R. 沃斯特（J.R.Wurster）、贾斯蒂娜·赞德（Justyna Zander）、罗尼·蔡格尔（Roni Zeiger）。

我还想把这本书献给我的客户，我们一起分享了发现、信念、欢笑、奋斗、胜利、骄傲和喜悦。我期待着继续我们的旅程。

感谢，引导我在这条路上前进的老师们：塔拉·布莱克（Tara Brach）、大卫·库珀（David Cooper）和肖莎娜·库珀（Shoshana Cooper）、米歇尔·麦克唐纳（Michele McDonald）、琳达·麦克唐纳（Linda McDonald）、维多利亚·莫兰（Victoria Moran）。

感谢我的家人和整个大家庭：伯纳德·卡巴恩（Bernard Cabane）、西里·福克斯·卡巴恩（Celie Fox Cabane）、纪尧姆·卡巴恩（Guillaume Cabane）和马林·奥布里（Marine Aubry）、杰勒德·卡巴恩（Gerard Cabane）、戴维·肖恩伐伯（David Schoenfarber）和多丽丝·肖恩伐伯（Doris Schoenfarber）、巴尼·派尔（Barney Pell）和诺蒂雅·迪瑞康娃（Nadya Direkova）、迪帕克·柏瑞顿（Deepak Bradoo）和诺里尼·柏瑞顿（Nalini Bradoo）、路德·奥维德斯（Ruth Owades）、安娃歇尔·布

尚(Anusheel Bhushan)、安娜·麦卡洛(Ana McCullough)和迈克尔·麦卡洛(Michael McCullough)。

我要再次感谢莱瓦西尼·布莱多、费边·肯兹、乔·格林斯坦、约书亚·凯伊、朱达·波拉克、希娜·瑞乔(Seena Rejal)、纳塔莉·菲利普、戴维·戴恩·罗森曼(David Dayan Rosenman)、托尔斯滕·罗德(Torsten Rode)。你们让我成为今天的自己，并且脚踏实地。我的心与你们同在。

魅力，影响一生的关键

合上这本书真是兴奋！卡巴恩博士在人格魅力领域的研究让人赞叹。她从心理学角度出发，结合脑科学和行为学，为我们带来了全新观点和视野。这无疑会帮助职场精英挖掘自身潜力，塑造亲和力和影响力并更加专注当下，大大提升人格魅力指数。

在现实生活中，很多人都对魅力这个话题感兴趣，却又认为魅力是与生俱来的，自己无法习得。卡巴恩博士在本书开篇就厘清了这一点：魅力并不是外向性格的人的专属技能，任何一个人都可以在这本书中找到自己的优势和需要通过练习来提高的地方。作者做了大量的调研和实践，用科学的方式系统地将“虚幻”的个人魅力阐述出来，这一点实在难能可贵。

我自己特别喜欢书中的实践部分，要知道这些小技巧又简单又实用，随便一个都能让人受益匪浅，魅力指数飙升。在翻译这本书的过程中，我受邀去做一个关于少年演讲方面的讲座，那天到场的有不少儿童教育方面的专家和教育心理学的研究者。过去我一直在研究成人演讲，而儿童和成人是截然不同的群体，两者的心理状态和认知程度有很大的区别，所以我那天的压力非常大。那时我正巧翻译到有关认知重译这一块内容，于是暗暗尝试应用卡巴恩博士的魅力实践方法，在上台前不再去琢磨自己的演讲稿，而是开始用她提到的技巧调整自己的状态。神奇的是，自信随之而来，那次的演讲棒极了！

随着个体崛起，演讲这项技能已经成为推动事业发展的关键。过去，演讲者常常在两方面下功夫：肢体语言和演讲内容，缺少了内心构建这个环节，而这正是一切的源动力。在《精英的人格魅力课》中，卡巴恩博士指出了打造魅力心境的 4 个方法。将这些应用到演讲中，会让你事半功倍。

最近，我在从事儿童演讲方面的事情。在面对舞台的时候，我发现 10 来岁的小家伙们有着自己独特的能量。不过，也有很多孩子会紧张到发抖。在跟他们交流的过程中，我也在不断实践卡巴恩博士的技巧，将它们用于激发孩子的自信心。在经过几次训练后，孩子们有了明显的变化，这对我来说，真是莫大的鼓舞。

魅力是一种能量，是影响一生的关键。它不是每个人生来就拥有的，而是在成长道路上不断学习而来的。认真练习书中的这些小技巧，你也可以把魅力培养成自己的第二本能。

最后，感谢我的好朋友们在翻译这本书的过程中提供的建议和帮助，也感谢我的同事们和我一起去实践这些有用的技术。如果您想与我进一步交流，可以给我发邮件，我的邮箱是 ivyxu1119@sina.com。祝大家阅读愉快，收获良多！

未来，属于终身学习者

我这辈子遇到的聪明人（来自各行各业的聪明人）没有不每天阅读的——没有，一个都没有。巴菲特读书之多，我读书之多，可能会让你感到吃惊。孩子们都笑话我。他们觉得我是一本长了两条腿的书。

——查理·芒格

互联网改变了信息连接的方式；指数型技术在迅速颠覆着现有的商业世界；人工智能已经开始抢占人类的工作岗位……

未来，到底需要什么样的人才？

改变命运唯一的策略是你要变成终身学习者。未来世界将不再需要单一的技能型人才，而是需要具备完善的知识结构、极强逻辑思考力和高感知力的复合型人才。优秀的人往往通过阅读建立足够强大的抽象思维能力，获得异于众人的思考和整合能力。未来，将属于终身学习者！而阅读必定和终身学习形影不离。

很多人读书，追求的是干货，寻求的是立刻行之有效的解决方案。其实这是一种留在舒适区的阅读方法。在这个充满不确定性的年代，答案不会简单地出现在书里，因为生活根本就没有标准确切的答案，你也不能期望过去的经验能解决未来的问题。

湛庐阅读APP：与最聪明的人共同进化

有人常常把成本支出的焦点放在书价上，把读完一本书当做阅读的终结。其实不然。

时间是读者付出的最大阅读成本
怎么读是读者面临的最大阅读障碍
“读书破万卷”不仅仅在“万”，更重要的是在“破”！

现在，我们构建了全新的“湛庐阅读”APP。它将成为你“破万卷”的新居所。在这里：

- 不用考虑读什么，你可以便捷找到纸书、有声书和各种声音产品；
- 你可以学会怎么读，你将发现集泛读、通读、精读于一体的阅读解决方案；
- 你会与作者、译者、专家、推荐人和阅读教练相遇，他们是优质思想的发源地；
- 你会与优秀的读者和终身学习者为伍，他们对阅读和学习有着持久的热情和源源不绝的内驱力。

从单一到复合，从知道到精通，从理解到创造，湛庐希望建立一个“与最聪明的人共同进化”的社区，成为人类先进思想交汇的聚集地，共同迎接未来。

与此同时，我们希望能够重新定义你的学习场景，让你随时随地收获有内容、有价值的思想，通过阅读实现终身学习。这是我们的使命和价值。

湛庐阅读APP玩转指南

湛庐阅读APP结构图：

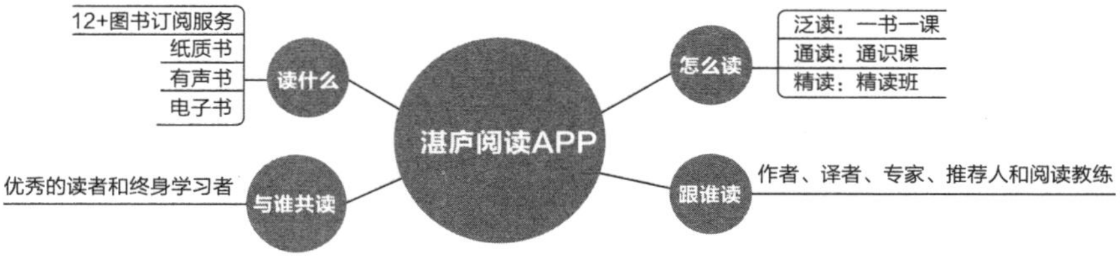

三步玩转湛庐阅读APP：

APP获取方式：

安卓用户前往各大应用市场、苹果用户前往APP Store
直接下载“湛庐阅读”APP，与最聪明的人共同进化！

使用APP扫一扫功能，
遇见书里书外更大的世界！

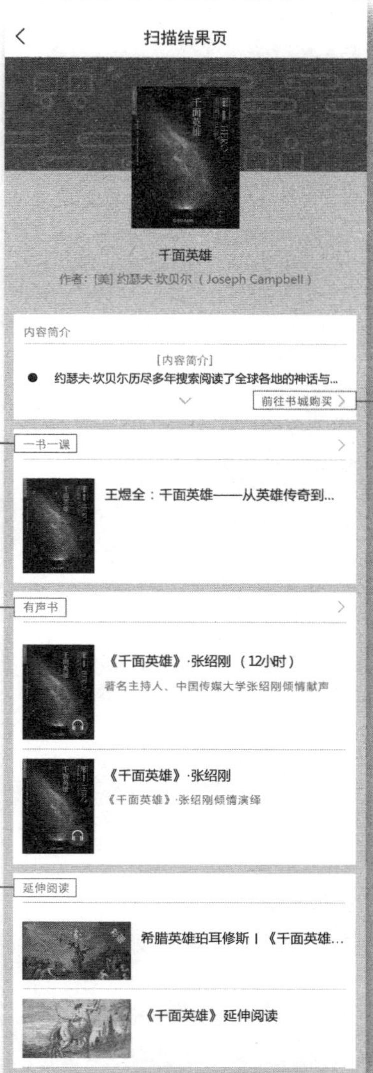

快速了解本书内容，
湛庐千册图书一键购买！

大咖优质课、
献声朗读全本一键了解，
为你读书、讲书、拆书！

你想知道的彩蛋
和本书更多知识、资讯，
尽在延伸阅读！

延伸阅读

《远见》

◎ 来自奥美互动全球首席执行官30余年的职场洞察。

◎ 3大职场燃料，4大黄金问题，5个关键数字，100小时测试，带你用远见思维规划职业生涯的三大阶段。

◎ 姚劲波、傅盛、杨石头、刘惠璞等激赏推荐！

使用"湛庐阅读"APP，
"扫一扫"获取本书更多精彩内容
ISBN 978-7-5596-1216-8

《生涯线》

◎ 沃尔玛人力资源副总裁对个人职业发展的洞见。

◎ 7大策略＋实操演练，构建更正向、更成功的职场生涯线！

◎ 如果你想拥有更正向、更成功的职业生涯，这就是一本很好的行动指南，能够帮助你顺利实现目标。

使用"湛庐阅读"APP，
"扫一扫"获取本书更多精彩内容
ISBN 978-7-213-08732-5

《这才是我要的工作》

◎ 好用到不可思议的人生进击指南。

◎ 从"小目标"开始，带你发现或创造出你命中注定的工作，打破无聊到爆炸的生活！

◎ 背包客小鹏、音乐人乔小刀、行动派创始人琦琦、职场咨询师小川叔等重磅推荐。

使用"湛庐阅读"APP，
"扫一扫"获取本书更多精彩内容
ISBN 978-7-213-08636-6

《深潜：10步重塑你的个人品牌》

◎《财富》《Inc.》《纽约时报》推崇的"品牌专家""个人重塑专家"倾力巨献！

◎ 重塑个人品牌的绝佳指南，打造你的形象和未来的不二之选！

◎ 古典、秋叶、罗伯特·西奥迪尼等激赏推荐！

使用"湛庐阅读"APP，
"扫一扫"获取本书更多精彩内容
ISBN 978-7-5596-1143-7

图书在版编目（CIP）数据

精英的人格魅力课 /（美）奥利维娅·福克斯·卡巴恩著；徐言译．—杭州：浙江人民出版社，2018.7

书名原文：The Charisma Myth: How Anyone Can Master the Art and Science of Personal Magnetism

ISBN 978-7-213-08807-0

Ⅰ．①精… Ⅱ．①奥… ②徐… Ⅲ．①个人—修养—通俗读物 Ⅳ．① B825-49

中国版本图书馆 CIP 数据核字（2018）第 133967 号

浙江省版权局
著作权合同登记章
图字：11-2018-379 号

上架指导：畅销书 / 职场励志

精英的人格魅力课

[美] 奥利维娅·福克斯·卡巴恩　著
徐　言　译

出版发行：浙江人民出版社（杭州体育场路 347 号　邮编　310006）
市场部电话：（0571）85061682　85176516
集团网址：浙江出版联合集团　http：//www.zjcb.com
责任编辑：郦鸣枫
责任校对：戴文英　王欢燕
印　　刷：天津中印联印务有限公司
开　　本：720mm ×965mm 1/16　　印　　张：16.25
字　　数：230 千字　　插　　页：1
版　　次：2018 年 7 月第 1 版　　印　　次：2018 年 7 月第 1 次印刷
书　　号：ISBN 978-7-213-08807-0
定　　价：69.90 元

如发现印装质量问题，影响阅读，请与市场部联系调换。